湛庐CHEERS



与最聪明的人共同进化

HERE COMES EVERYBODY

CHEERS
湛庐

[奥] 安德烈亚斯·瓦格纳 著 贾拥民 译
Andreas Wagner

# 唤醒创新睡美人

# SLEEPING BEAUTIES

浙江科学技术出版社·杭州

测一测

# 你了解决定创新成败的法则吗？

扫码加入书架

领取阅读激励

- 科学计量学中的“睡美人”现象指的是什么？（单选题）

  A. 一项从未被引用的研究

  B. 一项从其他领域借鉴理论的研究

  C. 一项在发表后迅速获得广泛认可的研究

  D. 一项发表后长时间未受关注，随后突然被广泛引用的研究

扫码获取全部测试题及答案，

跟随科学家踏上创新成功之旅

- 哺乳动物的臼齿在进化过程中有了什么重要改进？（单选题）

  A. 臼齿数量减少以便更容易咀嚼

  B. 臼齿的表面变得更加光滑

  C. 增加了次尖，使研磨植物性食物更加有效

  D. 臼齿变得更小以适应不同的食物

- 心脏起搏器从萌芽到取得突破性的成功花费了一个多世纪的时间，这是因为：（单选题）

  A. 在此之前没有患者愿意尝试

  B. 技术和材料的发展还不够成熟

  C. 海曼发明后没有人再研究

  D. 医生们没有重视起搏器的潜在作用

扫描左侧二维码查看本书更多测试题

献给我的父亲，

感谢他给我的一切！

Sleeping Beauties

多少无价的珍宝，

沉睡在大地的中心，

湮没在黑暗里被人遗忘；

多少美丽的花儿，

开了又谢了，

把热烈芬芳的秘密深藏于旷野。

——夏尔·波德莱尔（Charles Baudelaire）

《厄运》（*Le Guignon*[1]）

Sleeping Beauties

推荐序

# 唤醒创新睡美人，找到改变世界的更多可能

韩焱
湛庐创始人、董事长

1519年，探险家麦哲伦率领由5艘船组成的船队，从西班牙出发，开始了又一次伟大的环球航行。一年之间，他们经历了心怀嫉妒的葡萄牙人的暗杀、船队成员的内部叛乱、海岛原住民的袭击，以及粮食的短缺，历经这些艰难困苦，让这支最初265人的队伍，减损了35人。让他们没有想到的是，1520年的一场“海上瘟疫”让他们这230人中的208人失去了生命，队伍仅仅剩下了22人。

200多年后，英国海军大臣也率领着由5艘船组成的舰队，远征太平洋，劫掠西班牙的财宝运输船。他们没有逃脱与200多年前麦哲伦船队同样的命运，1740年的一场“海上瘟疫”，让近2 000人的队伍损失了大约1 300人，仅剩约700人。

在这两次探险中，船员们遭遇的致命瘟疫，其实就是坏血病。正是它杀死了众多在浩瀚的海洋上月复一月航行的水手。

其实，早在麦哲伦的船员大规模死亡的近 30 年前，葡萄牙航海家达·伽马就发现，吃橙子可以预防坏血病。但是，这个发现并没有传播开。

同样，早在英国船员们大规模死亡的 120 多年前，一本名为《外科医生的助手》的书里也写明，治疗坏血病的有效方法是多吃柑橘类水果和新鲜蔬菜。但是，这个发现依然没有传播开。在此之后的 200 年间，英国海军死于坏血病的人仍然比死于战争的人多很多。

历史向前发展，再次为治疗坏血病提供着机会。1747 年，英国皇家海军外科医生詹姆斯·林德，开启了现代临床试验的先河，再次得出了一个明确的结果：柑橘类水果可以治疗坏血病。甚至，林德还出版了一本名叫《论坏血病》的书，完整论述和总结了他的研究。这个研究过程也成为整个医学史上的一个里程碑。然而，在当时，这个治疗坏血病的研究成果再次被忽视，在接下来的半个世纪里，坏血病依然作为一种致命的疾病在海上航行的船员间肆虐横行。

如此简单又明确的治疗方法，可以拯救成千上万名船员的性命，为什么在几百年间，就是无法传播开并得到有效的使用呢？这个让人费解的问题很容易引发一连串细思极恐的联想。**在人类历史的长河中，会不会还存在类似数不胜数的发明创造，它们本来可以尽早造福人类，却被一次次忽视和掩埋？倘若果真如此，会有多少发明者被埋没，多少人的命运被改变，多少成功被烙印上失败之名。**

所以，这个问题其实是个影响颇为深远的、事关人类发展的真问题。

弄清楚它的原委，事关重大。

## 创造与创新能否成功的三大原因

综合历史学家、政治学家、生物学家以及经济学家的研究，我们大致可以找出如下三个原因。

**第一，创造与创新能否成功，与改变人们根深蒂固的观念有关**

几百年前的医生们认为，坏血病可能有多种病因：你可能会因为不干净的水、潮湿的空气或肮脏的住处而患上坏血病，根本的原因则取决于你的体质。既然得病有多种原因，那么必定也存在多种治疗坏血病的方法。所以，针对坏血病的“特效药”是不存在的。

事实上，就连林德医生也不认为自己发现的正是治疗坏血病的特效药。他在《论坏血病》一书中写道：“自然界中并不存在可以专门治疗某种疾病的灵丹妙药。”他并没有充分认识到自己的发现的重要性，甚至没有在书中用太多篇幅来讨论这个发现。在破除根深蒂固的观念这个方面，林德本人也并没有超越他的时代和同行。

**第二，创造与创新能否成功，与科学普及的时机与速度是否跟上有关**

关于柑橘类水果可以治疗坏血病的做法，真正说服人们的理由，又历经一个半世纪才被揭晓，生物化学家从柑橘中分离出一种名为抗坏血酸的分子，如今，我们所有人都知道，它就是维生素 C。至此，维生素 C 作为预防和治疗坏血病的“特效药”，才算真正站住了脚，而这个如此简单的发现被人们真正接受，却花费了整整 400 年。

这样的例子在整个科学发展史上屡见不鲜。比如心脏起搏器的普及。早在 1932 年，心脏起搏器就被发明出来了，但人们对它有诸多的不信任和担心，比如，起搏器体积太大携带不方便、电池寿命太短、植入体内会引发感染等。这项发明沉寂了将近 20 年，直到 20 世纪 50 年代末，一系列重大的技术突破，像小而节能的晶体管、体积小寿命长的电池，以及环氧树脂这样的生物相容性材料，让心脏起搏器能够完全植入人体，这才让它迅速普及开。

像坏血病和心脏起搏器这样的例子数不胜数，科学界对此类现象有一个非常浪漫的说法，叫作**“创新睡美人”**。这些创新在发现后往往被忽视了几十年，一直等到属于它们的时代到来，才受到巨大的欢迎。有统计数据表明，3/4 以上的睡美人是被其他学科的发展唤醒的。**也就是说，重大的科学进步往往来自不同领域的交叉融合。**唤醒坏血病疗法这个睡美人的王子是分子化学，唤醒心脏起搏器这个睡美人的王子则是材料科学和电子元器件。

甚至，有些唤醒睡美人的王子来自科学领域之外。这也是创造与创新能否成功的第三个主要原因。

**第三，创造与创新能否成功，取决于是否得到外界环境与市场力量的加持**

历史学家告诉我们，林德本来有机会影响英国海军部和远洋舰队的卫生政策，但海军部在接下来的半个世纪里仍然忽视了柑橘类水果与坏血病之间的联系的一个重要原因，是林德受到了竞争对手的诋毁，这导致海军部采纳了林德竞争对手提供的将药物作为治疗坏血病的办法。

外界环境与市场力量这样的人为因素影响创造与创新成功与否的例子，同样数不胜数。比如常用的冰箱制冷机。从 20 世纪 10 年代第一台家用电冰箱上市开始，压缩式制冷机和吸收式制冷机这两种制冷方式就已经存在了，而且从那个时候开始，公认的更好的制冷方式就是吸收式制冷机，因为它不仅更加安静，没有时不时就要启动的嘈杂震动的声音，而且能源效率更高。可即便如此，100 多年以来，直到今天，绝大多数人使用的依然是压缩式制冷机。

其中最关键的原因是，这种冰箱得到了财力雄厚的通用电气的大力背书。以通用电气为首的数十家企业进入了冰箱市场，他们是电气行业的核心参与者，在所有电气技术上都有巨大的既得利益，因此，通用电气不仅改进了压缩式冰箱，还进行了大规模的广告宣传。相比之下，开发采用吸收式制冷机的冰箱企业数量更少、规模更小，可投入资金也更少。同时它们还需要与天然气公司结盟，而当时，天然气公司也因为和正在崛起的电力行业的竞争而面临着沉重的财务压力。所以，我们今天广泛使用的是压缩式冰箱，而不是吸收式冰箱，这不是因为前者的技术比后者更成熟，而是因为最初生产和开发压缩式冰箱的企业群更加强势，资金更雄厚，更擅于营销。

## 用“长变焦视角”在不同专业领域之间搭起“社交之网”

以上三个原因综合起来，说明了这样一个道理：**无论多么天才的创新，都不能仅靠自身的优点获得成功。无论拥有多大的改变生命和推动变革的**

**潜力，只有在正确的地点和时间以正确的方式被时代接纳，才能取得成功。**

对相信创造性成功源于内在天赋的人来说，这个结论可能很难接受。我们一般会认为，一部小说既然如此感人，就应该立即成为畅销书；一项科学发现既然如此具有开创性，就应该受到赞誉；一种新药既然如此有用，就肯定要马上得到广泛使用。但事实是，没有任何一项创新是只凭其任何内在特征或“品质”就足以取得成功的。那部小说可能只会先让极小一部分读者感兴趣，那项科学发现可能需要先克服主流观点的阻碍，那种新药可能需要先找到一种大规模生产的方法。

这些结论提醒我们，虽然停留在特定专业学科的界限之内更容易获得突破性创新，但学科界限同样也会成为一种障碍，使你无法看到只有超越界限时才能清晰可见的其他成功的要素。**我们需要学会在不同专业领域之间进行“杂交育种”**。对发明巨匠爱迪生来说，我们需要认识到，爱迪生创造的东西远比灯泡重要得多。他创建的是一个集各种创新于一体的系统，这些创新彼此联系，使神奇的电光变得安全可靠、价格合理，这才点亮了万家灯火。

我们应该在自己的整个人生甚至整个人类发展史中，不断尝试把不同学科和不同领域联系在一起。**我们希望更多不同领域的专家能够搭建起一张“社交之网”，拥有更敏锐的“长变焦视角”，唤醒更多创新睡美人，找到更多改变世界的可能。**

相信大家一定对《戴珍珠耳环的少女》这幅画非常熟悉，这是荷兰画家维米尔的旷世杰作。这幅画被保存在荷兰海牙的皇家美术馆里，供每年来自世界各地的上百万名游客驻足欣赏。但是，维米尔却于 1675 年在穷困潦倒中去世，留下了深陷债务泥潭的妻子和 11 个孩子。他的作品很快就被人们遗忘了，然后静静地在灰尘中等待了近两个世纪。

转折点出现在 200 年之后，1866 年，法国艺术评论家比尔热被维米尔的画作深深触动，并为他编写了一本作品名录。这本维米尔作品目录一经面市，立即迅速传播开来。如今，维米尔被称作宗师级别的画家，他的风格大受欢迎，并被后世的画家广泛模仿。

可以说，创新睡美人广泛存在于艺术、科学、数学等各个领域，它们必须“出生”在一个适合自己的世界里。而创新者们必须能更好地倾听世界的声音，找出它想要的是什么。同时，也要学会主动创造让创新能够成功的环境。

祝愿大家都有“意外的收获”，离自己和人类的宏大目标更近一步。

Sleeping
Beauties

# 目　录

Sleeping Beauties

# 引言

## 创新很容易，但成功很难

我们先来做个小测验：地球上最成功的生物是什么？请快快回答！许多人给出的答案是狮子或大白鲨这样的顶级掠食者，还有一些人可能说是鸟、昆虫或细菌。很少有人会想到，草也完全可以称得上是最成功的生物。草这种生物至少符合“惊人的成功”的两个标准。第一个标准是极其丰富。北美大草原、非洲稀树大草原、欧亚大草原，以及无数其他草原，全都被草覆盖着。单是欧亚大草原就从高加索一路延伸到了太平洋，绵延 8 000 多千米。第二个标准是物种数量大且极具多样性。草自从在生命进化历史上出现以来，已经进化出了 1 万多种。确实，草的种类极其繁多：从适应南极洲冰天雪地的只有数厘米高的毛草（hair grass），到印度北部可以隐藏整群大象的高耸的草，再到亚洲的竹林，这种像“树”的草可以长到 30 米高。

但草类并不是一直都如此成功。在数千万年的时间里，或者说在它们的大部分进化史上，草类都只是勉强维持着生存。无论以什么标准来衡量，它们都远远谈不上繁荣兴旺。

草类的起源可以追溯到 6 500 多万年前的恐龙时代。自那之后的数千万年里，草类留下的化石极其罕见，这个事实意味着，在那段漫长的时期，草类不可能是非常丰富的。事实上，一直要等到距今不到 2 500 万年时，草类才成为优势物种，这比它们的诞生足足晚了 4 000 多万年。

为什么草类要等到 4 000 多万年后才能在阳光下找到属于自己的位置？一旦你了解到，进化从一开始就赋予了草类很多种增强生存能力的创新，这个谜团就会变得更加复杂难解。这些创新包括草类拥有木质素和二氧化硅这样的化学防御物质，它们不仅会损害食草动物的牙齿，还使草类更能耐受干旱。此外，在代谢方面，进化让草类拥有了有利于保存水分的复杂创新。

你可能会认为，既然有了这些创新以及其他方面的创新，草类应该可以很快就繁盛起来。然而，事实恰恰相反。在那长达 4 000 多万年的难以想象的漫长岁月里，它们一直未能做到这一点。草类这种延迟的成功蕴含着关于新生命形式的深刻真理。**一种新生命形式的成功不仅取决于它的特定内在特征，也不仅取决于它的某种内在品质，比如一项创新所带来的能力增强或所赋予的新能力，还取决于这种生命形式诞生的世界。**

草类并不是唯一一种经历了漫长岁月才获得成功的生物，它们只是无数新生命形式中的一员。若以物种的丰富性或多样性来衡量，一些新生命形式的成功也推迟了数百万年，甚至数千万年。例如，第一批蚂蚁出现在 1.4 亿年前，但直到 4 000 万年后，蚂蚁才开始分化，到今天已有 1.1 万多种。哺乳动物有着各种各样的生命形式，如生活在地上的、会爬树的、会飞行的或会游泳的，它们起源于 1 亿多年前，但直到 6 500 万年前才开始蓬勃发展。这方面还有一个例子，那就是咸水蛤蜊科动物，它们更是不得不等待了长达 3.5 亿年才大获成功，分化成了 500 多个物种。

## 进化的睡美人

上述新生命形式以及许多其他的新生命形式有一个共同点，**即在大爆发之前一直处于休眠状态。它们是生物进化过程中的“睡美人”。**这些“睡美人”让我着迷不已，它们让我对关于成功和失败的所谓真理产生了怀疑，而人们一直认为这些真理都是不言而喻的。这些质疑不仅适用于自然的创新，也适用于人类文化的创新。

当生命第一次从原始汤（primordial soup）[①] 中爬出来时，当生命第一次发现从矿物质、有机分子和阳光中提取能量的方法时，当生命第一次学会在浩瀚的原始海洋中游泳并借此谋生时，当生命第一次变成多细胞生物（高度特化的细胞分担生长和繁殖、逃避捕食者和跟踪猎物、自卫和攻击等所需的劳动并做出牺牲）时，当生命第一次学会应对挑战时，它必须创新。每一个挑战都可以用多种方式来应对，每一种应对方式都是生物进化的创造性产物，而且都体现在拥有独特生命形式的物种身上；它们数以百万计，随着进化的推进，数量还在不断增加。

当然，创新从来没有随着生物进化而停止。那些拥有复杂神经系统的物种，如黑猩猩、海豚和乌鸦，已经发现或发明了用于狩猎或采集食物的简单技术和工具。自农业革命以来的 1 万多年里，人类文化产生了众多革命性的创新，如数学和文字，以及从车轮到壁纸的大量小创新。人类已经凭借自己的聪明才智发现了自然的基本规律，创作出了无数的创造性作品，从诗歌到歌曲，再到交响乐和小说。这些创新中就有不计其数的“睡美人”，比如像雷达这样的被忽视的突破性技术，像格雷戈尔·孟德尔

① 在地球上出现任何植物、动物或人类之前就已存在的液体物质，植物、动物和人类就是从这种液体物质中发展而来的。——编者注

（Gregor Mendel）的遗传定律这种一度被埋没的科学发现，还有像约翰内斯·维米尔（Johannes Vermeer）的画作《戴珍珠耳环的少女》这类被遗忘的艺术作品，这件旷世杰作在一个多世纪的时间里一直没有得到认可。

诚然，自然和文化并不是以完全相同的方式进行创造的。牛顿撰写《自然哲学的数学原理》时所用的墨水和纸与蓝鲸的细胞、组织和器官是两类不同的创造力基质。在一位作家十易其稿的勇气背后，是一种完全不同于 DNA 的随机突变的创作动力。一项专利的商业价值与大肠杆菌每天分裂的频率是衡量成功的不同标准。不过，在这些差异之外，不同的创新还有一系列更深层次的相似之处，其中之一是很多创新都是远远超前的。"睡美人"是一种创造性产品，刚出现时也许没有明显的优点、价值或实用性，但只要时间足够长，它就能改变生命和生活。这种产品在自然和文化中无处不在。它们将帮助我们理解一个事实，即被忽视的孟德尔的遗传定律和被遗忘的维米尔的画作都是创新史的一个普遍模式的一部分，而这个模式可以一直追溯到生命的起源。**大自然中的"睡美人"可以帮助我们理解为什么创新可能很容易，但创新要取得成功则很难。**成功与否是创新者无法控制的。

我是一名生物学家，毕生的愿望就是了解生物进化如何为生命问题提供新的解决方案。为了实现这一目标，我不断努力，并且得到了一群志同道合的年轻研究人员的支持，他们来自我在苏黎世大学的实验室。一些研究人员在实验室里培养不断进化的生物体，进化创新就在我们眼前上演。有些研究人员分析大量的 DNA 数据，以了解多种生物体独特生活方式的起源。有些研究人员则使用抽象的数学语言来探索进化创造力背后的普遍规律。我们都想了解大自然是如何进行创造的。我们有幸生活在今天这个科技日新月异的时代，比以往任何时候都更接近这个遥远的目标。我们还受益于分子生物学领域的一场革命，这场革命始于 20 世纪 50 年代，当时詹姆斯·沃森（James Watson）[①] 和弗朗西斯·克里克（Francis Crick）发现了 DNA 的双螺旋结构。特别是，进入 21 世纪之后，这场革命仍在推进。随着时间的推移，它揭示了越来越多的生命秘密。这些秘密关系到数万亿个分子，这些分子在人类的细胞、组织和器官中相互合作，维持着人类的生命，还构成了生命进化过程中每一次创新的基础，包括生命本身的起源。

每当突变改变了生物体的 DNA 时，它最终将会改变该 DNA 编码的一些分子，还会改变这些分子的功能，并影响其工作的效率和质量。这些变化最终促成了进化所创造的一切新事物，从细菌旋转的鞭毛到猎鹰锐利的眼睛，再到人类大脑中使语言、艺术和科学最终成为可能的神经连接。当我和研究伙伴研究进化的创造物时，我们研究了这些分子，研究它们如何随时间变化，以及这种变化如何创造新的生命形式。我们发现，“睡美人”无处不在。细菌酶就是其中一个例子。这种酶是为了完成某种工作而进化出来的，但是也可以完成很多种其他工作，例如切割和破坏自然界中不存在的合成抗生素。直到生物化学家发现了这些抗生素，然后医生用它们来对抗细菌之后，细菌酶的这项技能才失去了作用。另一个例子是一些全新的基因，它们是在基因组（包括人类的基因组）进化的过程中自发地产生的，而且数量巨大。每一个这样的基因都在寻找某个问题的解决方案，这个问题可能在该基因诞生之后很久才出现，也可能永远不会出现。

这本书就是讨论这些发现的。通过深入探索分子领域，我们可以比仅仅通过化石来研究更加深刻地理解大自然的创新。我们不仅可以理解大自

① 沃森是“人类基因组计划”的主要推动者、诺贝尔生理学或医学奖获得者，他与搭档合著的经典作品《双螺旋（插图注释本）》全景展现了人类发现 DNA 双螺旋结构波澜壮阔、激动人心的历程，影响深远。该书中文简体字版已由湛庐引进、浙江教育出版社出版。——编者注

然为什么如此创新，还可以理解它是如何创新的，甚至可以理解为什么它的许多创新都处于且必须处于休眠状态。

这种休眠本身并不能让我们对大自然的创造潜力有新的认识。由于大自然的创新与人类文化的创新是如此不同，它们的共性就包含了所有创造过程的经验教训。这些经验教训就是本书的主题。

## 多数创新都处于休眠状态

有一条经验是，创新对自然和文化来说都是很容易的，无论它是否处于沉寂状态。当然，这一点并非不言自明。专家们仍在争论达尔文式的进化怎样才能带来真正的新事物，毕竟自然选择只能选择已经存在的事物。自然选择无法仅靠自己去创造新的生命形式。智能设计论者（design creationists）甚至认为，真正的创新在生物进化过程中是不可能出现的。然而，本书给出的例子证明事实恰恰相反。

**本书所举的例子首先表明，创新并不珍贵，也不罕见，相反，创新是频繁的、廉价的。**本书第 1 章强调了关于进化的一系列未被重视的事实。这些事实都说明了创新是多么容易，其中一个事实是大多数生物的创新在生命史上并不是独一无二的。此外，大多数创新都发生了两次、三次，甚至很多次。农业就是一个典型例子。不过，这里指的不是人类的农业，而是蚂蚁发展的农业。就像农民培育植物一样，蚂蚁培植真菌。它们精心设计并建造了真菌“花园”，通过清理废物和清除不需要的真菌物种来修整“花园”。它们甚至能够用链霉素等抗生素来治疗真菌，以对抗有害细菌。[1]

进化对环境变化的反应速度也证明了这一点。进化几乎可以立即对变革性的变化做出反应，比如安第斯山脉的迅速抬升或者巨大的马拉维湖的出现。在几百万年的时间里，几十个甚至几百个新物种进化出来，并在新的环境中定居。

我们在苏黎世大学开展的进化实验也得出了同样的结论。当我们和其他研究人员将生物体暴露在一个新的环境中，即便是在一个近乎致命的环境中，大多数生物体也能在短短几周内迅速进化，生存下来，并茁壮成长。是的，生命通常不需要等待太长时间就能迎来正确的创新。

第 1 章表明了生命所需的大多数创新都是在瞬息之间产生的，第 2 章则进一步证明了一些更引人注目的事物。草类、蚂蚁、鸟类和哺乳动物等生命形式在属于它们的时代到来之前就出现了，可能早了数百万年、数千万年。在这些生物中，有一些甚至灭绝了不止一次，这不是因为它们有缺陷，而是因为合适的时机还没有出现。

最终，生物进化中的所有创新都起源于帮助构建和维持细胞与身体的分子。研究大自然如何改变这些分子就像窥视发明家的大脑一样。这种研究不仅可以证明进化在创新方面确实非常“多产”，而且可以帮助我们理解为什么会如此。

许多创新只出现在分子这个层面上。它们是肉眼完全看不见的，但是其重要性不亚于新物种的诞生。光合作用就是这样一种创新，这种从阳光中获取能量的能力是 20 多亿年前由蓝藻最先“发现”的。另外一个例子是从人造毒素中获取能量的能力，这是细菌在 20 世纪“发现”的一项技能。当然，这只是新陈代谢领域数千项创新中的两项。这种创新可以一直追溯到生命的起源，正是因为有了它们，生命才能在无数的新环境中依赖各种各样的新食物生存下去并繁盛起来。当然，许多这样的创新都是“睡美人”。第 3 章解释了为什么会出现这种情况。

蛋白质是一种极其重要的创新分子，是维持生命的分子主力。2008 年，一项关于委内瑞拉南部丛林中的亚诺玛米印第安人的医学研究有了惊人发现，揭示了蛋白质的巨大创新潜力。这些印第安人从未接触过现代文明，他们的皮肤和肠道里的细菌却对 8 种现代抗生素有耐药性。这 8 种抗生素既包括青霉素这样的第一代抗生素，也包括最近开发出来的、作为对抗耐药细菌的最后手段的抗生素。在面对从未遇到过的药物时，细菌可以通过沉睡这种方式来应对。这种“才能”对医学来说是个大问题，这意味着我们可能永远不会赢得与耐抗生素的细菌的竞赛。

第 4 章解释了这种非凡“才能”的起源，它赋予了蛋白质远远超出抗生素耐药性的隐藏力量。能够摧毁一种毒素的蛋白质进化出来，它也可以摧毁其他十几种毒素，但是这种才能会一直保持沉寂，直到合适的毒素出现才被唤醒。此外，合成一种防御性化学物质的蛋白质也可以合成许多其他化学物质，这在一开始可能是一项毫无用处的技能，直到合适的敌人出现，它才会成为能拯救生命的技能。换句话说，分子层面上的创新不仅仅是廉价的，还可以是免费的。这些创新可以帮助生命入侵新的、充满敌意的地方，这可能会给人类带来毁灭性的灾难。一个典型例子是包括水葫芦在内的各种入侵物种，它们已经造成了数十亿美元的经济损失。这种灾难性后果还包括多重耐药的超级细菌对病患的折磨，它们甚至能致人死亡，这一切都可以归因于在适当环境中被唤醒的休眠创新。反过来，我们也可以利用这些创新，使其对我们有益。它们可以帮助生物技术工程师更有效地生产生物燃料，改进用于清洁衣物的酶，以及利用绿色化学来制造工业化学品。[2]

与蛋白质同等重要的是人类基因组中的基因，它们会为人们体内的每一种蛋白质编码。每个基因都是一长串 DNA 序列，它们编码着维持人类生命的数千种蛋白质中的某一种的氨基酸序列。在 21 世纪之前，生物学家一直认为，新基因是在进化修改旧基因以赋予它们新技能时产生的。事实证明，这种观点是完全错误的。过去 10 年里一系列令人兴奋的革命性发现表明，进化中的基因组不断地从零开始创造新的基因，后者似乎是从随机的 DNA 序列中凭空出现的。

第 5 章解释了基因组是如何创造新基因的，以及为什么要这么做。原因很简单，创造新基因比我们想象的要容易得多，毕竟进化可以建立在已有的基础上，不仅 DNA 是如此，解码遗传信息的整个蛋白质机制也是如此。事实上，在现今的人类和其他动物的细胞中，新的基因一直在产生。然而，与其他许多创新一样，它们中的大多数很快就会消亡。那些存活下来的基因通常会“沉睡”数百万年，直到它们的技能在一个变化了的世界中能够发挥作用。

这些基因和其他许多“睡美人”表明，没有一项创新单凭自身的优点就能取得成功。一个新基因的价值并不是来自它的“内在品质”，而是来自它诞生的世界，一个生物体无法控制的世界。

与以基因和蛋白质为基础的自然创新不同，文化创新是由复杂的大脑及其神经回路实现的。文化领域的“睡美人”和自然界的“睡美人”一样多。通往人类文化的门户是第 6 章讨论的那些会使用工具的动物，它们掌握的简单技术要么根植于它们的大脑，要么是它们在一生中学会的。

当海豚在海底挖掘隐藏着的猎物时，它们会用海绵保护自己的喙。新喀里多尼亚的乌鸦会把树枝弯成钩子状，将昆虫从树洞里赶出来。猴子会用石锤和铁砧敲开坚果。虽然这样的创新与那些体现在耐药蛋白上的创新截然不同，但是它们遵循着相同的原则。动物发现或使用工具的能力可能一直沉寂着，直到它在合适的环境中被唤醒。**任何一种工具创新的成功都不是预先注定的，而是由它所处的环境决定的。**

动物发现工具的潜力预示着人类拥有更大的潜力。这种潜力推动人类去发现像阅读、写作和计算这样具有变革意义的技能，正是这些技能成就了人类的现代文明。这种潜力体现在尚未开始进化的古代人类的大脑回路中。第 7 章解释了这种创新对其他动物的影响如何注定了它对人类的影响。几千年来，人类的潜力一直处于休眠状态，最终是由农业革命唤醒的。农业革命不仅催生了计算和写作，还带来了人类文化的其他表现形式，包括像钢琴这样复杂的乐器、像国际象棋这样复杂的游戏，以及像计算机技术这样复杂的技术。这些必要的技能并不是由生物进化直接塑造的，所以它们凸显了大脑在利用旧知识实现新目标方面的巨大潜力，而且这种潜力似乎是无限的。

这种潜力也存在于最抽象的思维层面，正是这种潜力推动了人类在科学和技术方面的许多发现。这是第 8 章的主题，在这一章中，我会解释人类的大脑如何通过类比来发现新事物。有一个类比是将原子比作振动的弦，这帮助 20 世纪早期的物理学家理解了原子发出辐射等现象。这样的类比不仅可以作为教学工具发挥作用，同样，类比的“近亲”隐喻也不仅仅是一种修辞技巧。乔治·莱考夫（George Lakoff）[①] 等语言学家发现，隐喻构成了抽象思维的基础，并使科学解释成为可能。然而，这样的解释原先处于休眠状态，是一种尚未被激活的潜力，直到一个创造性的大脑发现

① 莱考夫是世界知名语言学家和认知科学家，被誉为“认知语言学之父”，其经典作品《别想那只大象》揭示了如何用“框架”和“隐喻”两大框架来有效表达观点，影响深远。该书中文简体字版已由湛庐引进、浙江人民出版社出版。——编者注

了能够唤醒它的类比。

类比以及其他概念的新组合不仅是“睡美人”的特殊形式，还有助于解释为什么人类文化中充斥着创新。**人类不断以新的方式使用旧的、休眠的东西，包括思维模式，并为它们注入新的生命。这种能力正是人类在艺术、数学、科学和技术方面富有创造力的关键。**这也是第 9 章要讨论的重点。

我们将在第 9 章继续讨论很多“睡美人”，其中包括 19 世纪的诗人济慈的作品。从某种程度上说，济慈是一个失败的诗人。他在世时，所有诗集加在一起只卖了不到 200 册。这一失败使济慈陷入了深深的痛苦，因此他留下一个遗愿，即墓碑上不要刻他的姓名，只刻上他自定的墓志铭：“此地长眠者，声名水上书”（Here lies one whose name was writ in water）。

在当时，济慈似乎注定要被世人遗忘。确实，济慈的天分在几十年后才得到了认可。这种姗姗来迟的认可始于 19 世纪中叶，当时他的第一部传记出版了，并在 1921 年，即他逝世 100 周年之际达到了顶峰。到那时，济慈已经不仅仅是一位著名的浪漫主义诗人了，他还进入了文学伟人的万神殿，与荷马、莎士比亚和但丁等巨匠并列。

在世时被忽略或被忽视的极具创造力的天才数不胜数，包括画家凡·高、维米尔和埃尔·格列柯（El Greco），作家艾米莉·狄金森（Emily Dickinson）和赫尔曼·梅尔维尔（Herman Melville），美国博物学家兼隐士梭罗，等等。这份名单上甚至还有作曲家巴赫，他的作品在他逝世后的半个多世纪里一直被认为已经过时了，而且复杂到了荒谬的程度。

流行时尚的变幻无常或许有助于解释艺术作品的成败。毕竟，美与不美，全在观者。然而，事实并非如此，至少在自然科学和数学领域并不是这样。不过，即便是数学和科学也会受到时尚的影响，19 世纪的数学家赫尔曼·格拉斯曼（Hermann Grassmann）对线性代数的贡献遭到忽视便是证据之一。在今天，线性代数是大学甚至中学数学课程的核心内容，解线性方程成了一项必备技能。线性代数对现代几何至关重要，因为它可以在三维或三维以上的空间中计算直线和平面。如果没有线性代数，我们无法想象工程和科学将会变成什么样子。然而，当格拉斯曼在 1844 年出版的《扩张论》（*Die Ausdehnungslehre*）中提出线性代数的许多关键概念时，却遭到了学术界和公众的忽视。1862 年，他尝试出版该书的第二版，但是仍然没有取得成功。在第一版出版 30 年后，该书的出版商这样写道："由于你这本著作几乎没有卖出去，在 1864 年大约有 600 本被当作废纸处理掉了。"

一些基本的自然规律在被发现后也遭到忽视，其中包括德国物理学家尤利乌斯·罗伯特·迈尔（Julius Robert Mayer）首先提出的能量守恒定律。[3] 由于其他人过了很多年仍然没有认识到这个定律的重要性，迈尔在绝望之下曾试图自杀。后来，当人们终于认识到能量守恒定律具有重大意义时，他们又把这份功劳给了迈尔的竞争对手，即英国人詹姆斯·焦耳（James Joule）。

科学是如此，技术也是如此。在技术领域的大量"睡美人"中，有一些是人类历史上意义很深远的创新，其中一个突出的例子就是轮子。公元前 3500 年前后，这项古老的技术首次出现在中东和东欧，但是正如我将在第 9 章解释的那样，它的崛起不算迅速，它的传播也称不上广泛。与其他许多发明一样，人类多次发明了轮子。很多发明在获得成功之前先是被忽视，然后被重新发现，而且通常是多次被发现，比如治疗危及生命的坏血病的方法。这些例子表明，从更广泛的历史角度来看，革命性的创新几乎可以说是不可避免的，尽管它们对个体发明者来说可能是来之不易的。更重要的是，它们强调了一个事实，即成功是由发明者无法控制的力量引导的。

从大自然在分子层面上的创造到人类发明的技术，本书给出的例子涵盖了 40 亿年来的创新。无数的创新在属于它们的时代到来之前就出现了，然后静候时机的到来。**无论一项创新改变生命和推动变革的潜力有多大，除非找到一个能够接受它的环境，否则它不可能成功。**创新需要出现在正确的时间和正确的地点，否则就会失败。本书的结语讨论了人类创新者可以从这些普遍的创新模式中吸取的经验，对那些正在努力奋斗但感到不被认可、可能会抱怨自己被忽视或被遗忘的人来说，这些经验尤其重要。人类的创造过程是数十亿年的创新历史的一个缩影。了解这段深刻的历史也许不会帮助我们取得更大的成功，也许不能改变我们在世界上的位置，但是可以帮助我们找到这个位置并充分利用它。

# 唤醒创新睡美人
## Sleeping Beauties

1. 一种新生命形式的成功不仅取决于它的特定内在特征，也不仅取决于它的某种内在品质，比如一项创新所带来的能力增强或所赋予的新能力，还取决于这种生命形式诞生的世界。

2. “睡美人”是一种创造性产品，刚出现时也许没有明显的优点、价值或实用性，但只要时间足够长，它就能改变生命和生活。大自然中的“睡美人”可以帮助我们理解为什么创造可能很容易，但创造要取得成功则很难。成功与否是创新者无法控制的。

3. 无论一项创新改变生命和推动变革的潜力有多大，除非找到一个能够接受它的环境，否则它不可能成功。

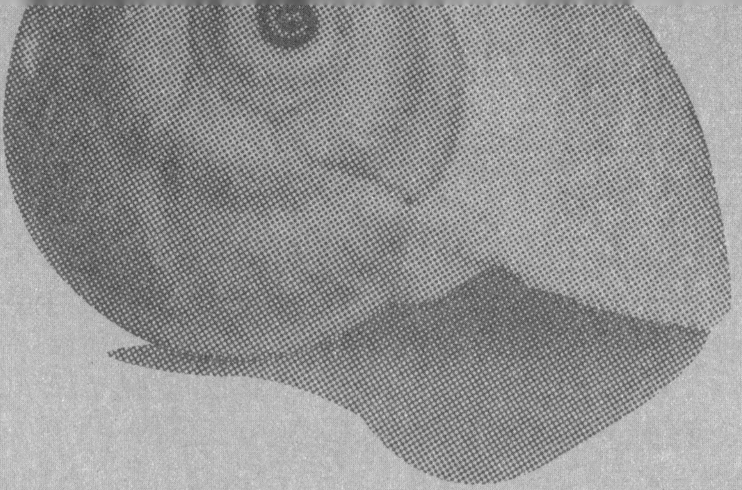

# Sleeping Beauties

# 第一部分 自然领域的睡美人

没有一项创新单凭自身的优点

就能取得成功。

一个新基因的价值并不是来自

它的“内在品质”，

而是来自它诞生的世界，

一个生物体无法控制的世界。

---

Sleeping Beauties

Sleeping Beauties

# 第 1 章

## 创新并不是生命史上的奇点

帝王蝶的幼虫似乎对危险的食物上了瘾，它们喜欢吞食乳草（又名马利筋）的叶子。乳草是一种多年生草本植物，能长到将近 1 米高，开微小的星形花并形成引人注目的花序。乳草看上去似乎很漂亮，但它是有毒的。当帝王蝶的幼虫用口器切开乳草的叶片时，受损叶片内的加压通道会释放出一种乳白色的物质，这正是这种植物得名乳草的原因。帝王蝶的幼虫知道这些乳白色的东西意味着麻烦，所以它们试图切断这些通道，让这种"乳汁"在它们吃掉叶子之前就流干净。

这种"乳汁"的学名是乳胶，是一种复杂而黏稠的化学混合物，其作用类似于黏性很强的浓稠的树脂，就像松树分泌出来的那种黄色物质。人们可能会认为这样的分泌物有利于伤口的愈合，其实植物会利用它们来实现邪恶的目的。从数百万年前被困在我们称为琥珀的树脂化石中的昆虫身上，我们就能清楚地看到这一点。乳胶和树脂是植物对付饥饿的动物的强大防御武器，对某些动物来说甚至是致命的。

当昆虫从产乳胶或树脂的植物上咬下一大块时，这种黏稠的物质可以粘住它们的口器并将整个口器粘在一起。这种物质甚至可以把昆虫整个困住。在乳草的叶子上孵化的帝王蝶幼虫中，超过 30% 会陷入这种植物用乳胶布下的陷阱，它们先是被粘在叶子上，然后死去。这还只是乳胶和树脂的第一道防线。这两种分泌物还可能含有有毒的化学物质，比如心脏糖苷（cardiac glycosides），这种毒素可以让心脏永远停止跳动。因此，乳胶和树脂完全称得上是精密复杂的化学武器。[1]

这些化学武器也是进化创新的例子。**称它们为进化创新，是因为它们发生在物种的进化过程中，而且有助于物种生存。**需要强调的是，这些特殊的创新并不仅仅体现在乳草上。进化不是一次、两次或多次在生命之树的不同分支上、在完全不同的物种中发现了它们，而是至少 40 次。更重要的是，许多发现它们的物种还独立地进化出了这类有毒分泌物的“分配网络”，那是一个复杂的管道系统，可以将黏性物质输送到植物受到攻击的地方。[2] 这样的创新重复很多次这个事实说明，进化是多么容易创新，这预示着我们以后还会遇到很多“睡美人”。乳胶、树脂和它们的运输网络是如此重要，以至于生物学家把它们的地位提高到了远远超越单纯的创新的高度，他们称之为“关键创新”（key innovations）。这并不是因为它们很难被发现，它们的多重性表明事实恰恰相反。这主要是因为它们所做的不仅仅是提高一种植物的存活率，还对进化产生了深远的影响。[3]

那些产胶植物受虫害的可能性更小，生长速度更快，不过要将更多的能量用在通过开花结果来繁殖上。这些好处使产胶植物能够进一步传播开来并占据新的栖息地。在这些栖息地中，它们最终形成了新的物种。用生物学专业术语来说，这些关键创新促进了它们适应性辐射（adaptive radiation），即生命之树上突然迸发出大量新分支。在这种适应性辐射中，一个物种会分化成许多新物种，每个新物种都拥有最适合自己栖息地的生活方式。

研究人员对 16 类产胶植物进行了研究，得到的结果揭示了这些化学武器的进化效力。每一类产胶植物都会分泌乳胶和树脂，而在作为其近亲的植物中，至少有一类植物不具备这种能力。研究表明，在这 16 类产胶植物中，有 13 类都比它们没有产胶能力的近亲进化出了更多的物种，不是只多了几个物种，而是多了上百倍的物种。[4] 总而言之，产胶植物在进化中取得了巨大的成功。最初只有几十个物种，最终进化出了 2 万多种产乳胶的开花植物，以及无数种产乳胶的针叶树、蕨类植物，甚至真菌。[5]

产乳胶是一项重要的创新，而它本身又是一场军备竞赛的产物，这场竞赛始于另一项创新，一项由昆虫发现的更古老的创新。这项创新就是植食性（phytophagy），即以植物为食的能力。

几亿年前，原始昆虫只会捕食其他动物或以腐质为食，后者是指以死去动物的尸体为食。要从这种以动物为主的饮食结构转变为以植物为主并不容易。昆虫要想成为素食者，必须克服一个障碍，那就是我们刚刚讨论过的“化学战”。植物必然擅长化学战，因为它们既不能逃跑，也不能躲避。另一个障碍是植物的组织和汁液都缺乏营养物质，例如氮和必需的氨基酸的含量都比动物猎物或尸体块低得多。更重要的是，作为食腐动物，昆虫可以躲在地下，一旦成为植食动物，它们就必须在露天觅食。这种新的生活方式不仅会使它们暴露在干燥的环境中，更糟糕的是，它们的身体不仅小巧，而且既脆弱又柔软，会吸引来很多捕食者。

尽管存在这么多障碍，植食能力仍然不止一次被不同的物种发现，而且不是 2 次或 3 次，而是至少 50 次。马里兰大学的生物学家查尔斯·米特（Charles Mitter）和他的合作者通过研究证明，这种创新取得了巨大成功。他们比较了生命之树上的13个植食昆虫分支和13个非植食昆虫分支，后者是前者的近亲。结果发现，大多数植食昆虫分支上的物种都比非植食昆虫分支上的物种多，而且其中不少植食昆虫分支都比非植食昆虫分支多出了很多物种。例如，秆蝇科（Chloropidae）的植食昆虫分支上有 1 350 多个物种，而非植食昆虫分支上只有 80 个物种。尽管植食能力这种创新只被甲虫、蟑螂和蜻蜓等极少数昆虫发现过，但这种创新最终变得非常成功，到了今天，世界上 90 多万种昆虫中有一半是以植物为食。植食性是进化的另一项重要创新。[6]

然而，植物性饮食又带来了另一个挑战，即种子或草等植物性食物非常坚硬。不过，另一类动物很快就以一种独特的方式来应对这一挑战，那就是哺乳动物。它们进化出了臼齿这种特殊的牙齿，“臼齿”这个名称来自拉丁语中对磨石的称呼，因为臼齿能磨碎植物性食物。

每个人都有 8 颗臼齿，不过，如果 4 颗智齿都长出来了，那就会有 12 颗。如果你把手伸到嘴里去摸一下自己的臼齿，就会发现它们不是光滑的，而是布满了小凸起，这些小凸起叫作齿尖。这些齿尖中隐藏着哺乳动物的一项关键创新，看似无关紧要，实则意义重大。这项创新就是一个锥形的凸起，被称为次尖，你可以在臼齿的后端找到它，位于臼齿更靠近舌头而不是脸颊的那一侧。[7] 原始哺乳动物的每颗臼齿有 3 个齿尖，如果你沿水平面切开这样一颗臼齿，就会观察到其横截面呈三角形。对一颗应该像磨石一样工作的牙齿来说，这是一个糟糕的设计。很显然，臼齿用于研磨的表面越大，在给定时间内磨碎的植物材料就越多，但是相邻的呈三角形的牙齿之间会留下大量的空隙，在研磨过程中，这些空隙是一种浪费。如果臼齿的横截面更接近长方形，并且在口腔里像砖块一样首尾紧密相连，那样就会好得多。这就是次尖的进化所要得到的结果。次尖是第 4

个齿尖，它的加入填补了空隙，使臼齿的横截面从三角形变成了长方形（科学术语是矩形），从而使研磨表面扩大了一倍，并使得研磨更有效率。

次尖在哺乳动物生命之树的不同分支上进化出了 20 多次。更重要的是，具有次尖的臼齿成为进一步创新的平台，因为进化在创造出专门以植物为食的哺乳动物时，还修饰了它们的基本结构。这类哺乳动物中的一种就是鹿，鹿的臼齿用新月形的牙釉质脊进行了强化。大象也属于这类哺乳动物，它们的臼齿上有好几个这样的牙釉质脊。这些以及许多其他的磨牙形状能提高研磨效率。当然，所有磨牙都源自具有次尖的牙齿。

现在你已经知道了很多个类似的例子，因此在听我描述接下来发生的事情时，可能不会感到很惊讶。5 000 多万年前，一场适应性辐射开始了，当不同的食草哺乳动物分化出多个物种的时候，啮齿动物和有蹄类动物等拥有次尖的哺乳动物明显表现得更好。它们进化出的物种是最多的。一小块牙齿如何在数百万年的时间里改变了数百个物种的进化路径？这个问题显然非常值得关注。

## 进化的座右铭：抓紧时间，等待

关于适应性辐射，有一种观点认为，某项关键创新使辐射成为可能，如果没有这项创新，辐射就不会发生。只有通过这项关键创新，一个物种才能利用现有的机会，比如温暖的气候、新的食物来源或合适的栖息地。根据这种观点，任何一种适应性辐射在开始之前都必须等待，而且可能需要等待很长时间，直到合适的创新出现。这种等待阻碍了进化。产胶能力、植食性和次尖这样的创新使这种观点受到了质疑，因为它们已经出现过很多次。也许，进化创新比我们想象的更容易？也许，进化并不需要等待创新出现？也许，进化的创造力比我们想象的更强大？进化对新机遇做出反应的惊人速度证明了这种可能性。

在一种以非常醒目的蓝色或红色花柱而闻名的植物上，这种快速反应能力得到了充分体现。它们还以能够用从空气中摄取的氮给土壤“施肥”的能力而为人熟知。这种植物就是羽扇豆（lupins），它们因其美丽而受到园丁的高度重视。其实，美丽只是它们的优点之一。它们的种子也叫羽扇豆，自古以来就是欧洲人的盘中佳肴。在南美洲的安第斯山脉，以羽扇豆为食材的烹饪历史更加悠久，早在 6 000 年前，那里的人就开始食用这种豆。[8] 与此同时，在安第斯山脉，羽扇豆也经历了一次惊人的进化。

安第斯山脉绵延 7 000 多千米，不仅是世界上最长的山脉，也是地球上最年轻的山脉之一。安第斯山脉在大约 3 000 万年前开始隆起，直到 200 万～400 万年前才形成现在我们看到的地形。安第斯山脉地区拥有世界上最奇特的栖息地之一，即人们称为“帕拉莫”（páramo）的无树高地，它主要分布在哥伦比亚、委内瑞拉和秘鲁。

从海拔 3 000 米的林线以上开始，帕拉莫无树高地一直延伸到海拔 5 000 米以上的永久冰雪区。尽管海拔很高，但是由于靠近赤道，帕拉莫的气候相当温和，不过有时会让人觉得有点冷，温度也会剧烈波动。自太平洋而来的潮湿空气在穿越安第斯山脉时冷却下来，以雨、云和雾的形式提供了极其丰富的、可以维持生命的水分，再加上安第斯山脉的大量山谷、斜坡和裂隙所创造的众多栖息地，读者应该不难明白帕拉莫为何会成为世界上的生物多样性热点之一。这里生活着 4.5 万种植物，其中 40% 是特有的，即只生活在这里，其他地方都没有。

这些特有物种中有多达 81 种羽扇豆。它们都是从同一个祖先进化而来的，在安第斯山脉进化出了惊人的形态和多样的生活方式。在这些羽扇豆中，有的能活好几年，有的只能活一个季节；有的将强劲的茎尽力向着太阳伸展，有的用莲座状的叶子拥抱大地；有些只形成了柔软的草本组织，有些则变得坚硬和木质化。木质羽扇豆本身也通过适应性辐射进化出了各种各样的形态，有的枝条低垂并在靠近土壤处匍匐蔓延，有的看上去像直立灌木，还有的长成了小型乔木的样子。[9]

值得注意的是，所有这些物种都是从一个共同祖先进化而来，这个过程始于 100 多万年前。换句话说，进化不仅在不到 500 万年的时间里就创造了 81 个羽扇豆新物种，而且几乎是在安第斯山脉隆起、帕拉莫形成之后的第一时间就完成了这一壮举。要知道，类人猿进化成人类所需的时间也长达 500 万年。进化密切关注着安第斯山脉的隆起，并且迅速利用帕拉莫带来的新机会。

另一种类型的机遇来自一个与安第斯山脉隆起完全不同的地质过程，即非洲大陆的缓慢但不可阻挡的断裂。这是一个极具变革性的地质过程，最终迫使我们重写地理教科书。这个过程始于大约 2 500 万年前，当时非洲东部大陆地壳的两个板块开始分离。这个过程被称为裂谷作用，它不仅创造了像乞力马扎罗山这样高耸入云的火山，还产生了绵延数千千米的东非大裂谷。这条裂谷的很大一部分形成了巨大的湖泊，有些湖泊可能在 1 000 万年后让位于新的海洋。这些湖泊中包括了维多利亚湖、坦噶尼喀湖和马拉维湖。

马拉维湖和其他东非湖泊是许多鱼类的栖息地，其中包括了 1 600 种慈鲷。慈鲷是最具多样性的鱼类之一，既包括罗非鱼这样的食用鱼，也包括美得令人惊叹的观赏鱼，比如蓝七彩碟鱼（blue discus），它因一副扁平的圆碟状身体而得名，全身有着类似于绿松石河网的条纹，围绕着它那像孤岛一样的橙色眼睛。当然，蓝七彩碟鱼只是慈鲷这个庞大群体中众多闪闪发光的物种之一。

第一批定居马拉维湖的慈鲷是在大约 450 万年前湖泊形成后不久到达的。它们来到这里后，很快就遍布整个湖泊。它们没有满足于此，开始以惊人的速度向外辐射，分化成大约 500 个物种，其速度堪比安第斯羽扇豆的辐射速度。[10] 山地景观极其丰富，栖息于此的生物的生活方式也复杂多样，一个湖泊是如何能与之相比的？答案可能并不明显，毕竟，马拉维湖一眼望去只有水。然而，这种表面现象是有欺骗性的。在水面之下，湖床的一些地方是沙质的，而另一些地方是岩石，不同的物种喜欢不同的湖床。[11] 此外，马拉维湖的面积达到了 2.9 万平方千米，几乎与整个比利时相当，因此可以满足慈鲷各种各样的饮食习惯和觅食习性。有些慈鲷以从湖水中摄取的浮游生物为食，有些慈鲷则以从岩石上刮下来的藻类为食。有些慈鲷对食物来者不拒，将其他动物视为丰盛的自助餐；另一些慈鲷则非常挑食，只吃一种食物，比如蜗牛。

进化的智慧在马拉维湖中那些不同寻常的慈鲷身上得到了充分体现。有一种慈鲷只吃其他鱼的鳞片。另一种令人惊异的慈鲷是“沉睡慈鲷”，它会装死，直到一条毫无戒心的鱼在不知危险的情况下靠近它，这时它会跳起来，把那个可怜的家伙吃掉。

慈鲷不仅掌握了各种各样的捕食策略，身上的色彩也无比丰富。有一种慈鲷全身都呈亮红色；另一种慈鲷则拥有亮黄色的身体和黑色的背鳍，就像朋克摇滚歌手莫霍克的发型一样；还有一种慈鲷的身体呈黑色，其上有钴蓝色条纹，让人想起囚服。丰富的色彩不仅可以帮助慈鲷找到潜在的伴侣，避免交配混乱，还有其他用途，比如垂直条纹可以为其提供伪装，在岩石湖底附近，长着这种条纹的慈鲷很难被发现。[12] 所有这些多样性在进化过程中几乎是瞬间出现的。

很多物种都展现出了这种进化敏捷性，羽扇豆和慈鲷只是其中两类。我随手就可以举出另一个例子，那就是大约 2 500 万年前开始的、由像狗那么大的祖先进化而来的马的辐射，这种辐射紧随着支持食草动物生活方式的草原的不断扩大而发生。[13] 此外，夏威夷这样的岛屿或群岛上发生的爆炸性辐射也是典型例子。在夏威夷，1 000 万年内出现了 900 种开花植物和 4 500 多种昆虫。[14] 这些例子还指向了另一种极具启发性的进化变化模式，这种模式最早是由古生物学家在研究中揭示的。

古生物学家特别擅长的一项技能是从被压扁、剪切或打碎的化石尸体中重建死亡已久的奇异生物的解剖结构。埋葬这些尸体的岩石穿过了地壳。当古生物学家研究像蛋糕一样堆叠起来的不同年代的岩石时，这项技能就派上了用场。从这些岩石中重建的尸体不仅可以揭示灭绝物种的解剖结构，还可以确定它们生活的地质时代。有了这些信息，我们就可以理解进化是如何改变生物的身体构造的。大约 1 000 万年前，一种特殊的鱼类就经历了这样的转变，它就是三刺鱼。

与生活在马拉维湖的艳丽的慈鲷不同，三刺鱼是一种相对普通的鱼，只有手指那么长，栖息在北半球的海洋和湖泊中。值得注意的是，它们的名字中包含了一个解剖学特征：它们的背部长着三根很灵活的刺，这三根刺既可以紧贴身体，也可以像小匕首一样伸出来。更重要的是，其他鱼类的腹部有两个鳍，三刺鱼则有两根刺，这两根刺既可以收起来，也可以像背部的刺那样变成防御工具。除了这些刺，三刺鱼的两个侧翼上还覆盖着 30 多片坚硬的骨甲。显然，对潜在的捕食者来说，三刺鱼绝对不是容易对付的猎物。坚硬的骨甲能让三刺鱼免于被碾压，而当那些刺竖起来时，捕食它们就像试图吞下一只刺猬一样。[15]

三刺鱼已经存在了数百万年。在这期间，它们多次离开海洋家园，在湖泊中定居，其中一些湖泊是在冰河时代之后因冰川融化而形成的。如果有一条河流将这样的湖泊与附近的海洋连起来，三刺鱼就可以逆流而上，来到这样的湖泊中定居；当河流干涸时，它们的退路就被切断了，它们不得不一直在湖中生存。这本来不一定会成为问题，但是等到湖泊也完全干涸的那一天（这是大多数湖泊的结局），三刺鱼就注定会灭绝。[16]

大约 1 000 万年前，三刺鱼就启动了这样一个从定居湖泊到最终灭绝的循环。它们来到一个湖泊并定居下来，直到那个湖泊渐渐干涸，变成今天的美国内华达州。如今，干涸湖泊里的沉积物被当作硅藻土开采出来，其主要成分是一种可以用作磨料或杀虫剂的藻类化石，里面也蕴藏着无数三刺鱼化石。由于它们是在湖泊存在期间的不同时间段死亡并成为化石的，这些化石对古生物学家来说就成了宝藏，能够帮助他们监测三刺鱼的解剖结构随着时间的流逝而发生的变化，并确定进化是否改变了它们的解剖结构。

进化确实改变了三刺鱼的解剖结构。古生物学家开展了两项研究，分析了 5 000 块三刺鱼化石，并追踪了三刺鱼解剖结构的变化，研究结果有力地证明了这一点。在刚进入湖中的时候，三刺鱼披坚执锐，全副武装。后来，它们逐渐失去了尖刺和硬甲。[17] 原因不难理解。为身体装备防御性的尖刺和硬甲需要消耗大量的物质和能量，这些物质和能量也可以用于其他重要的任务，比如寻觅食物或繁育后代。湖泊中几乎不存在食肉动物，既然食肉动物不会构成威胁，那么继续制造硬甲就是一种巨大的浪费。更重要的是，制造硬甲和尖刺所需的原材料中包括了像钙这样的离子，这些离子在湖泊中是相当稀缺的。[18] 换句话说，三刺鱼来到湖泊中生活后放弃尖刺和硬甲，是为了进化而做出的理性选择，以减少物质和能量的消耗。

特别值得注意的是，在进化过程中，三刺鱼的硬甲是如何迅速消失的。我应该说得更明确些，"迅速"是从进化的时间尺度来说的，因为实际花费的时间比大多数人想象的要长。[19]

我们很容易就可以理解世界是如何在一段时间内发生变化的，这段时间应该与我们的寿命差不多长，通常不到一个世纪。然而，我们很难想象从中世纪的骑士们争强斗勇以来的 1 000 年里，或者自恺撒统治罗马帝国以来的 2 000 年里，人们的生活发生了怎样的变化。在更大的时间跨度内，我们的想象力就更难发挥作用了，比如从人类文明诞生到现在的 1 万年里，人们的生活方式发生了什么变化。然而，三刺鱼通过放弃硬甲来适应湖泊生活所需的时间也是大约 1 万年。虽然对我们来说，1 万年已经漫长得不可思议，但是在进化过程中，1 万年只是一个瞬间。这还不到现代人类起源所需时间的 1/10，也不到羽扇豆在安第斯山脉完成适应性辐射所需时间的 1/100。

在这段时间里，三刺鱼的刺迅速减少，硬甲的强度也急速下降，然后这个过程变得越来越慢，直到刺和硬甲几乎完全消失。我们现在知道这一点，恰恰是因为这个古老的"湖泊"中保存了非常多的三刺鱼化石，古生物学家可以将它们的进化时间精确到以几个世纪为单位。这是极其不寻常的。其他古生物的转变通常只能被少量化石记录下来，而且这些化石之间的时间间隔可能超过 1 万年。在这样的转变中，1 万年在进化时间尺度上似乎只是一瞬间。硬甲刚刚还在，一眨眼就不见了。

虽然化石并不能很好地记录大多数物种的进化，但是我们现在掌握的化石证据足以表明，三刺鱼的进化是有典型意义的，体现了进化会对大自然抛给它的挑战做出快如闪电的反应。这也是美国史密森尼国家自然历史博物馆（Smithsonian National Museum of Natural History）的古生物学家吉恩·亨特（Gene Hunt）的观点，他选取了从单细胞微生物到鱼类和哺乳动物的50多个物种的化石，通过研究这些物种的250多种特征的进化，有力地证明了这一点。当这些特征朝着某个特定的方向进化时，比如三刺鱼的硬甲逐渐退化，它们通常会迅速改变。然而，大多数特征在大多数时候并不会朝着一个特定方向进化。**进化所遵循的原则似乎是“抓紧时间，等待”。**[20] 当进化需要等待时，它通常会等待地质剧变，就像安第斯山脉的隆起或马拉维湖的形成那样。它也可能会等待植食性昆虫带来的挑战，这些挑战会使乳胶和树脂变得有用。它还可能会等待坚硬的植物性食物的出现，这些食物需要动物用具有次尖的方形牙齿去研磨。

合适的环境对进化至关重要，但是仅有合适的环境并不一定足够。当慈鲷在东非的湖泊中定居下来后，它们在一些湖泊（如马拉维湖）中辐射成了多个物种，但是在其他湖泊中并没有辐射。这也许是因为这些湖泊缺乏维持多种生活方式所需的食物，或者来此定居的鱼类没有经历过正确的DNA突变。[21] 遗憾的是，我们并不知道确切的原因是什么。事实上，不知道确切原因对生物学家来说是一个长期存在的问题，多年来他们一直在争论，推动进化的最大力量到底是正确的起始物种还是正确的环境。[22]

这个问题的答案或许有助于解释为什么有些生命形式只进化了一次，比如非洲沙漠植物百岁兰（见图1-1）。这种植物并不漂亮，长得像一颗枯萎了的生菜，一生只长两片叶子，那两片巨大的叶子平摊在地面上，在长达几个世纪的时间里逐渐裂成条状。它们的叶子长得这么大，是因为这种形态有助于从雾气中收集水分，而雾气会在叶子上凝结并变成水珠滴到地面上。[23] 在沙漠里，雾气是水分的主要来源。那么，百岁兰如此独特，是因为它提供了在独特的沙漠环境中生存的最佳解决方案吗？或者说，百岁兰只是进化过程中的侥幸的产物，一个奇特的物种碰巧幸存了下来，尽管其他物种在这种极端环境中可能活得更好？此外，百岁兰能够产生适应性辐射吗？我们不知道这些问题的答案。对于鸭嘴兽、变色龙和大象等不寻常的物种，我们也不知道这些问题的答案。[24]

图 1-1　百岁兰

化石可能也无法帮助我们回答这个问题，因为并不是所有的物种都能形成完整的化石并留到今天供我们研究。即便它们能，化石记录通常也不完整。化石记录可能会误导我们，让我们认为某个物种是独一无二的，但是实际上并不是。另一个问题在于，整个地球说到底只是一个巨大的进化实验场。如果我们能把这个实验重做一次、两次或多次，谁知道又会发生什么。古生物学家斯蒂芬·杰·古尔德（Stephen Jay Gould）在著作《奇妙的生命》（*Wonderful Life*）中提出过这个问题，他认为生命将会呈现出另一番景象。然而，他并不知道会不会真的是这样，我们也不知道。谁能肯定地说，重来一次就会出现一种完全不同的解决方案呢？也可能出现的又是百岁兰，或者根本没有解决方案？[25]

## 地球就是一个大型的进化实验场

对于这样的难题，我们需要用一种全新的方法来解决。世界各地的科学家都在探索这样一种方法，即不仅观察自然界的进化，还让进化在试管中进行。这些科学家也包括我在苏黎世大学的实验室的研究人员。换句话说，我们和其他一些研究人员正在实验室中开展进化实验。这样的实验是非常强大的，通过这种实验，我们能在几年、几个月甚至几个星期内实时观察到生物体的进化。这样的实验也能推翻神创论。

在开展进化实验时，我们会让整个生物种群暴露在一个新的、具有挑战的环境中，让它们经历许多代的进化。这个新环境可能极热或极冷、极潮湿或极干燥，也可能隐藏着几乎无法消化的食物，还可能存在大量的破坏性辐射以及抗生素或重金属等毒素。如果某个生物种群能够在如此恶劣的环境中生存下来，那么其中一些个体的 DNA 最终会发生突变。这些突变对进化来说是必不可少的，所以它们的起源值得详加解释。[26]

众所周知，DNA 分子会形成长链状的染色体，后者构成了每个生物体的基因组。每一条这样的 DNA 链就像一个由 4 个字母组成的化学字母表，这 4 个小构件被称为核苷酸，通常缩写为 G（鸟嘌呤）、A（腺嘌呤）、C（胞嘧啶）和 T（胸腺嘧啶）。每一条染色体都包含了数百到数千个基因，这些较短的 DNA 片段编码了构建生物体所需的信息。

解码这些信息的方法是先将基因复制或转录成 RNA，然后将 RNA 翻译成蛋白质。其中，RNA 分子的构件与 DNA 的构件非常相似。作为另一种分子链，蛋白质是由不一样的构件组成的，这些构件被称为氨基酸，蛋白质中共有 20 种氨基酸。

蛋白质链具有极强的柔韧性，在细胞内部的混乱环境中，热量会推动原子和分子不停地振动和摇晃，数百万个“紧张不安”的分子不断撞到蛋白质链上，导致它不停地晃动。为了应对这种情况，蛋白质折叠成了三维形状，这个过程被称为蛋白质的折叠。蛋白质中的一些氨基酸在折叠过程中会彼此靠近、相互吸引并粘在一起，它们的黏性使折叠后的蛋白质保持稳定，因而可以抵抗时刻不停的分子弹跳。每一个细胞都包含了成千上万种蛋白质，每一种蛋白质都是由一个基因的信息来解码的（生物化学家称之为“表达”），而且都有不同的折叠方式。这种折叠赋予了每种蛋白质一项特殊的技能。例如，运输蛋白能够输入营养物质或输出废物，细胞骨架蛋白赋予了细胞形状，信号蛋白在细胞之间传递信息，酶则催化化学反应，等等。

在地球上，每一种生物的每一个细胞都是蛋白质“疯狂”举行各种活动的场所。每时每刻都有成千上万的蛋白质同时输入、构建、聚集、切割、输出或破坏其他分子。分子的这种“疯狂”行为维持着生命，但是也产生了一系列意想不到的后果。例如，当酶获得了能量后，它们有时会产生被称为自由基的高活性废物，当它们撞上附近的分子时，自由基就会破坏或摧毁其他分子。当这种情况发生在 DNA 上时，DNA 就会受损。细胞会利用专门的蛋白质机器来不停地修复这些损伤，但是这些蛋白质机器并不能做到万无一失，有的时候它们也会搞砸。例如，当发现一个受损的核苷酸时，比如一个损坏了的 A，这些蛋白质机器可能不会修复它，而是把它变成 G、C 或 T。这是 DNA 突变的一种非常重要的发生机制，由于它只影响到基因组中最小的组成部分——单个 DNA 字母，所以被称为点突变（point mutations）。

细胞在分裂前也需要使用类似的蛋白质机器来复制 DNA，以确保每个母细胞都能将其基因组的副本传递给子细胞，但是这台蛋白质机器也不可靠。当这台机器在复制过程中出现错误时，它也会引起点突变。当紫外线、X 射线或其他形式的高能辐射进入 DNA 并永久改变其字母序列时，其他类型的点突变也会发生。

在这些点突变中，有的可能不会影响生物体的生存，但大多数会使生物体患病甚至死亡，因为它们破坏了维持生命的分子蛋白质机制的某些部分。然而，有些点突变会产生相反的效果。它们是有益的突变，赋予或提高了生物体在新环境中生存所需的技能。它们也是最罕见的突变，同时又是最有趣和最重要的突变。它们可以帮助制造蛋白质，这些蛋白质能够从新型的食物中获取能量，破坏和清除强毒素，或保护生命免受极端高温或极端低温的影响。

在进化实验中，正在进化的种群中的任何一个个体都有可能受到这种有益突变的影响。当这种情况发生时，个体要么可以更快地繁殖，要么生存的机会将会增加。因此，在经过几代之后，它的后代将比其他个体更具竞争力。这样的后代会越来越多，它们可能还会经历很多突变，其中大多数是有害的，但是也有一些是有益的，这些有益的突变会进一步提升它们的能力，并使它们的后代在种群中传播开来。随着时间的流逝，一代又一代繁衍，这种突变和自然选择的相互作用将稳步提高种群成员的存活率，帮助它们适应所处的环境。换言之，进化将使越来越多的有益突变在幸存者的基因组中积累下来。

在实验室里展开的进化过程中，生物体繁殖了不到 10 代就有可能发生变化，不过等待的时间越长，它们的变化就越明显。在实践中，最好让进化顺其自然地进行，让生物体繁殖至少 100 代。对哺乳动物这样的大型生物来说，这可能要花很长一段时间，因为它们的世代是以月或年为单位的。幸运的是，许多较小的生物的繁殖速度要快得多。黑腹果蝇

（*Drosophila melanogaster*）就是其中一个代表，这种微小的蝇会飞到我们的厨房里吃腐烂的水果。每一代果蝇能存活大约两个星期，因而持续一年的进化实验就可以涵盖果蝇 24 代以上。在众多有关果蝇的进化实验中，持续时间最长的已经进行了 30 多年，涵盖了 800 多代果蝇，相当于大约 2 万年的人类进化历程。[27]

果蝇进化实验中的世代数量听起来已经相当惊人了，但是根本无法与我们在大肠杆菌（见图 1-2）这样的细菌中轻松观察到的世代数量相比。大肠杆菌每天会分裂很多次。对于这类细菌，历时 1 000 代的进化实验只需要几个月。持续时间最长的大肠杆菌实验现在仍在进行中。这项实验是由密歇根州立大学的生物学家理查德·伦斯基（Richard Lenski）于 1988 年启动的，实验中的大肠杆菌已经繁殖了 7 万多代，相当于人类进化了 150 万年。[28]

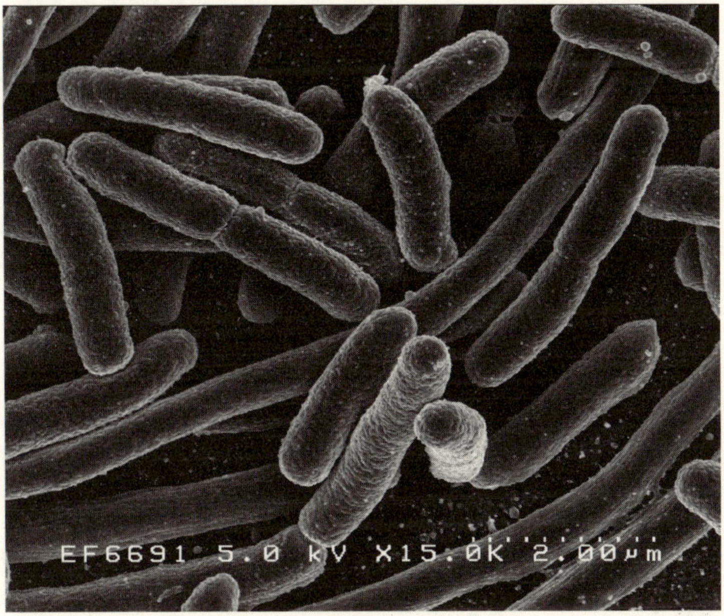


图 1-2　显微镜下的大肠杆菌

这些数据也凸显了实验进化的局限性。我们可能永远无法在实验室里重现慈鲷或羽扇豆那样壮观的辐射，这是因为让大型生物体进化足够多的世代需要花费太长时间。不过，适应性辐射并不是衡量进化成功的唯一标准，另一项能力也很重要，即征服极端炎热、极端干燥、含有剧毒或其他极具挑战性的环境并茁壮成长的能力。

与在野外观察生物体进化相比，实验进化拥有巨大的优势。首先，它能够帮助我们理解环境是如何影响进化的，因为我们可以在实验室中精确地控制环境。我们可以以 0.1℃为单位调整温度，逐渐调高温度，让生物体应对这个挑战，从而进化出耐热性。我们还可以给生物体喂食精确到毫克的抗生素，以刺激它产生耐药性。我们也可以从生物体的饮食中剔除某种必需的营养物质，刺激它围绕这个问题进行创新，进化出合成这种营养物质的能力，或者找到在没有这种营养物质的情况下生存的方法。

更重要的是，实验进化是可以复制的。“复制”（replication）是一个技术术语，指的是同时进行多个相同的实验，并比较它们的结果。例如，伦斯基带领的研究小组一直在对 12 种大肠杆菌进行进化实验，每一种都是在相同的环境下从相同的大肠杆菌种群中开始进行。复制是至关重要的，它能让我们搞清楚进化的成功到底是罕见而独特的，还是频繁且可重复的。

这正是我们在物种明显很独特但化石记录不完整的情况下无法回答的问题。幸运的是，世界各地的实验室的许多研究人员已经找到了回答这个问题的方法，即让不同的物种在不同的环境中进化。例如，在我的实验室中，研究人员将微生物置于含有不同毒素的环境中，然后观察它们进化的情况，这些毒素包括抗生素、对人类来说致命的大剂量的盐和会释放破坏 DNA 的自由基的化学物质。[29] 我们发现，微生物通常会迅速适应新环境，在复制实验中，它们的生长速度和生存能力也能提高到类似的程度。其他许多实验室的研究结果也传达了同样的信息，即进化有助于种群快速适应环境。

不过，进化实验中也存在着这一规律的反面例证。[30] 进化有时会失败，至少是暂时的失败。一个极具启发性的例子是伦斯基对大肠杆菌种群进行的进化实验，该实验中的大肠杆菌已经繁殖了 7 万多代。[31] 这些大肠杆菌种群所处的环境中含有葡萄糖，这是它们的能量来源之一。在 12 个平行实验中，大肠杆菌都朝着有效利用葡萄糖的方向进化，随着实验的进行，它们生长和分裂的速度越来越快。它们所处的环境中还含有少量柠檬酸盐，这是另一种潜在的能量来源。结果显示，大肠杆菌无法利用柠檬酸盐，因为它们无法将其导入细胞。在最初的 3.1 万代中，12 个进化中的大肠杆菌种群都无法在含有柠檬酸盐的环境中存活下来，这种状态似乎会一直持续下去。然而，在 3.1 万代之后，有一个大肠杆菌种群发生了突变，一种转运蛋白被改变，拥有了输入柠檬酸盐的能力。[32]

我们要正确看待这种独特的突变。尽管这种细菌的繁殖速度非常快，尽管这项实验已经持续了几十年，这几十年在细菌实际的进化历史中仍然只是一段极其短暂的时间。这项实验再持续 100 年或 1 000 年，大多数大肠杆菌种群可能也会经历这种独特的突变，从而能够利用柠檬酸盐，尽管这比三刺鱼的硬甲退化所需的时间要短得多。换句话说，随着时间的推移，看似独特的创新可能会变得相当普遍。因此，明显的适应失败可能比实验进化所显示的更为罕见。在 20 世纪 80 年代，其他实验室开展的进化实验的结果也凸显了这一点，其他研究人员早在伦斯基之前就在其他细菌上发现了类似的突变。[33]

实验进化给我们带来的帮助绝不仅限于观察实际的进化过程。在进化实验进行到最后的时候，我们还可以使用 20 世纪的技术来读取幸存者的 DNA 并对其进行排序，然后在此基础上研究帮助它们生存下来的创新突变。在这个过程中，我们发现了很多支持进化敏捷性的证据。适应能力强的幸存者所经历的有益突变通常不会发生在相同的基因中。不同的幸存者携带着不同的突变基因，有时甚至多达几十种突变基因。换句话说，对于同样的问题，存在着不同的解决方案，而且进化可以发现这些解决方案，即便是在一项短暂的实验室进化实验中。例如，当细菌进化到能够在致命的抗生素中生存时，突变会影响三种蛋白质。第一种是抗生素要攻击的蛋白质，突变可以使这种蛋白质对抗生素的攻击免疫。第二种是可以将抗生素排出细胞的蛋白质，突变可以帮助它们更快地排出抗生素。第三种是分解和破坏抗生素的蛋白质，突变可以提高它们的效率。所有这些突变都是针对同一个问题的不同解决方法。[34] 每一个突变都在不同的复制实验中多次出现。

总而言之，实验进化强化了我们从大自然进行的宏大实验中学到的东西，这些实验带来了次尖和乳胶这样的关键创新。在实验室里，进化可以立刻对新环境中的挑战做出反应，几乎不存在例外情况，就像在大自然中进化会对山脉隆起等变化迅速做出反应一样。每当我们抛出一道难题，进化总能迅速找到解决方法。更重要的是，进化不止一次发现同一种解决方案。进化甚至有可能发现多种不同的解决方案，而且每种解决方案都发现了不止一次。这一切都强调了一点：**在生物进化过程中，创新来得非常容易。**

本章所举的例子告诉我们，进化的创造潜能有两种可能性。第一种可能性是，进化只不过是一个灵活的创新者。它对不断变化的环境及时做出反应，然后一直密切关注这样的变化。如果真的是这样，那么进化就只在合适的机会出现之后才去创新，比如在山脉隆起或大陆断裂之后。第二种可能性则更有意思。如果许多创新出现在属于它们的时代之前，又会怎样呢？如果真是这样，它们就会一直处于休眠状态，就像“睡美人”一样，只在成功的条件成熟时才会醒来。在这种情况下，进化将不再只是一个灵活的创新者。在接下来的章节中我们将看到，大自然常常在需求出现之前就开始创新，而且是在那之前很久。

## 唤醒创新睡美人
### Sleeping Beauties

1. 进化不只一次发现同一种解决方案，甚至有可能发现多种不同的解决方案，而且每种解决方案都发现了不止一次。这一切都强调了一点：在生物进化过程中，创新来得非常容易。

2. 许多创新出现在属于它们的时代之前，它们会一直处于休眠状态，就像“睡美人”一样，只在成功的条件成熟时才会醒来。大自然常常在需求出现之前就开始创新，而且是在那之前很久。

# Sleeping Beauties

## 第 2 章

## 创新往往产生于它的时代之前

当成吉思汗的大军走出蒙古大草原，征服亚洲、欧洲时，他们采用的作战策略使他们比拥有笨重军队的农耕民族更具优势。[1] 为了避免与技术先进的敌人直接对抗（请想象一下，他们的敌人是穿着锃亮盔甲的骑士），成吉思汗的大军发展并完善了佯攻撤退的战术，引诱敌人来追赶，然后用弓箭从远处将他们射死。这种战术的优势可以追溯到一类植物：草。

蒙古大草原环境恶劣。全年雨水稀少，无法长出繁茂的森林；在干旱季节，所有生灵都只能勉强度日；草原上植被稀疏，人类无法永久定居。由于这些原因，草原上的人只能过着游牧生活，通过采集食物、狩猎动物或饲养牲畜来维持生存。在这片草原上，定居生活变成了一种负担，生存取决于机动性。正是这种机动性造就了草原勇士的灵活战术，也让这些勇士提前做好了在欧亚大草原上快速调动装备和部队的准备。对骑马的人来说，欧亚大草原简直就像一条高速公路。

早在草原成为这场民族冲突的大舞台之前，草类就已经在人类文明中扮演着重要的角色，即帮助创造了人类文明。大约 1 万年前，草在农业起源中占据着核心地位。农业的起源远远不止一次，这有点像第 1 章讨论的进化创新。事实上，农业至少起源于 11 个不同的时期，而且是在不同的国家和地区，包括中东、中国、非洲、新几内亚和中美洲，涉及的作物包括小麦、水稻、高粱、甘蔗和玉米。这些作物都属于草类！直到今天，草类仍然占到了农作物的 70%，我们消耗的一半以上的热量都来自草类。

在人类定居村庄和城市之前，甚至有可能早在人类出现之前，草类就在生物圈中发挥了巨大的作用。请想一想，它们塑造了多少动物的生命周期。几千年来，野牛一直在北美大草原上游荡，寻找更丰茂的牧场，为此，春天向北迁徙，到冬天再回到南方。在坦桑尼亚的大草原上，数以百万计的角马常年迁徙，追随着雨后绿草的足迹。[2]

从非洲的稀树大草原到南美洲的潘帕斯草原，草覆盖了大陆的大部分地区。在森林和湿地等生态系统中，它们虽然不占主导地位，但仍能茁壮成长。[3] 从衡量进化成功的两个标准来看，草类在进化中无疑取得了成功，它们的绝对数量和种类之多，以及生活方式之多样，都是无可置疑的。

令人意外的是，在草类长达数百万年的进化史中，大部分时间里它们看起来都没有什么美好的前景。它们仅能勉强在生物圈的边缘维持生存。

我们从多个信息来源得知，草起源于 6 500 多万年前的恐龙时代。第一个信息来源虽然有点奇怪，但很可靠，那就是恐龙粪便化石。这种化石中含有植物石（phytolites），那是一种小而硬的二氧化硅颗粒，会在许多植物的组织中沉积下来。植物石的形状和大小因物种而异，堪称植物物种的矿物指纹。恐龙粪便中的草类的植物石告诉我们，草类是很古老的生物，食草这种生活方式和恐龙一样古老。[4]

关于草类起源的第二个信息来源是花粉，花粉和植物石所提供的证据是一致的。正如草类会产生标志性的植物石一样，花粉也会形成标志性的花粉化石。现有证据表明，花粉出现在了 6 500 多万年前的化石中。[5]

遗憾的是，如果我们想知道草类或其他生物在进化史上最早出现的时间，仅仅依靠化石是不够的。死去的生物只有在特殊条件下才会变成化石，例如，当它们掉到湖底或海底时，尸体会迅速被泥土或沙子覆盖，进而矿化并变成岩石。当一种新的生物在进化史中首次出现时，其个体的数量通常很少，这种情况自然也就很少发生。即便发生了这种情况，我们也可能会在成千上万种化石中忽略一种罕见的新化石。

## 草类的成功并不是进化的作用

幸运的是，我们拥有一件非常精巧的工具，它能够帮助生物学家在化石稀缺的地方测量时间。我们可以利用地球上每个物种的每个生物体的每个细胞内的无数时钟，这些分子钟从这一代传到下一代，它们记录了难以估量的漫长时间，从数百万年到数亿年不等，最长可以达到亿万年。

关于分子钟，我得稍微解释一下。在第 1 章中，我们讨论了点突变，即单个 DNA 字母的变化，它偶尔会对生物体的 DNA 产生影响。当一个基因经历了这样的点突变时，突变的 DNA 序列会被转录成突变的 RNA 序列，这可能导致蛋白质中的某个氨基酸被另一个氨基酸取代。这样的改变通常弊大于利，会使蛋白酶变得很迟钝，使运输蛋白变得效率低下，或者使细胞骨架蛋白变得很脆弱，等等。在最坏的情况下，它可以使突变的蛋白质失活，遗传学家喜欢称之为“敲除”。当这种蛋白质对生命至关重要时，生物体就会死亡。不过，不是所有的点突变都是有害的。有些点突变丝毫不会影响蛋白质，因为蛋白质对它们耐受。这种点突变被称为中性突变。中性突变在自然选择中是不可见的，可以很容易地从这一代传递到下一代。当这种情况发生时，分子钟就会响一下。

一个基因就像一只时钟，每当它的一个 DNA 字母发生变化，而且这种突变没有被自然选择消灭，而是代代相传时，它就会嘀嗒作响。在一个生物体的一生中，其基因中的单个 DNA 字母发生突变的概率很小，在百万分之一到十亿分之一之间。然而，一个基因包含了数千个字母，生物体的 DNA 又会一代又一代地传递下去，所以这些概率加起来就会变大。有些实验旨在计算不同基因和基因组中随时间推移而累积起来的突变数量，我们可以通过这样的实验算出这个概率。[6]

基因组包含数千个基因，每一个基因都是一个分子钟，但不是所有的分子钟都以相同的速度走动。一些基因编码的蛋白质可以对多种突变耐受，这些基因发生的突变通常可以延续下去。其他基因编码的蛋白质只对少数突变耐受，所以这些基因发生的突变很难延续。换句话说，有些时钟走得很快，有点像秒表，以毫秒为单位测量时间；另一些时钟走得很慢，就像教堂钟楼上的时钟，以分钟和小时为单位测量时间。不过，这个类比并不是很恰当，因为分子钟比我们在生活中经常见到的时钟走得慢得多。快的分子钟可以测量数百万年的时间，慢的分子钟可以测量数千万年的时间，最慢的分子钟可以测量数亿年的时间。

我们在使用这些分子钟时会遇到一个问题，那就是并非所有生物体都拥有相同的分子钟，这是因为并不是所有基因组都拥有相同的基因。不同的生物生活在不同的环境中，需要不同的基因才能生存下去。例如，由于肠道和土壤含有不同的营养物质，肠道细菌和土壤细菌需要不同的蛋白酶来消化不同的营养物质，尽管这些蛋白酶都是由基因编码的。一个关乎肠道细菌生存的基因在土壤中可能毫无用处。当一个基因没有用处时，它最终会通过敲除突变从基因组中消失。当这种情况发生时，生物体也就失去了一个分子钟。

最有用的分子钟是大多数生物体赖以生存的基因。它们在细胞中执行很多重要的工作，因而也被称为管家基因（housekeeping genes）。管家基因包括帮助复制或修复 DNA 的基因、帮助转录和翻译 DNA 的基因，以及帮助储存能量的基因。其中一个管家基因编码一种名为 ATP 合成酶的蛋白质，这种蛋白质可以合成 ATP。ATP 是一种高能量分子，所有生物（包括草）都用这种分子来储存化学能。另一个管家基因编码一种名为 RuBisCO 的植物蛋白，RuBisCO 的全称长得令人望而生畏，具体为核酮糖 -1,5- 二磷酸羧化酶加氧酶。[7] RuBisCO 对光合作用至关重要。对于它的重要性，只需简单提示一下：RuBisCO 是地球上最丰富的酶，在所有生物产生的所有蛋白质中，最多的就是 RuBisCO。

RuBisCO 的职责是从空气中提取二氧化碳分子，并将其附着在一个糖分子上。初听起来，这似乎平平无奇，不会给人留下深刻印象，但这是将大气中的碳转化为植物细胞的主要成分，并最终转化为所有植物组织的长长的化学反应序列中的最为关键的一步。地球上的植物中储存着 4 500 亿吨碳，其中的每一个原子都要经过一个 RuBisCO 分子。[8] 因此，RuBisCO 确实至关重要。

想象一下，像 RuBisCO 这样的分子钟每百万年响一下。再想象一下，有两个物种拥有这样的生物钟基因，我们不妨称它们为 X 和 Y。假设这两个物种的生物钟基因的 DNA 有 10 个字母不一样（见图 2-1）。这种差异表明，这两个物种的共同祖先，更准确地说是它们的最近的共同祖先，生活在大约500万年前。从那时起，这两个物种分别进化，10个突变中有5个沿着通向X的分支不断积累，另外5个则沿着通向Y的分支不断积累。换句话说，在每个物种中嘀嗒作响的同一个分子钟在每个分支上都要响5下。[9] 同样的推理也适用于第三个物种Z。如果Y和Z的生物钟基因有20个字母不一样，那么我们就可以推断Y和Z在大约1 000万年前就分道扬镳了（见图2-2）。

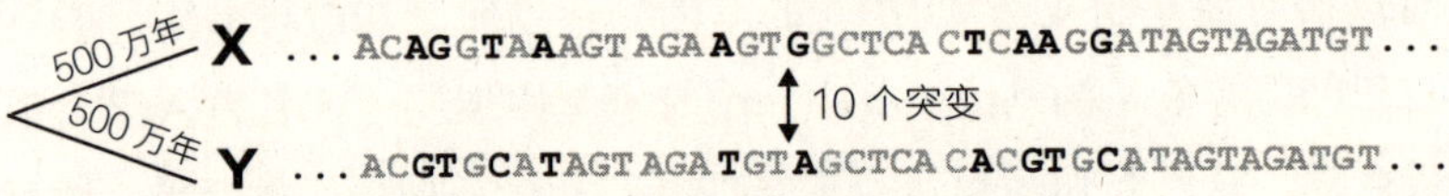


图2-1 X和Y的生物钟基因

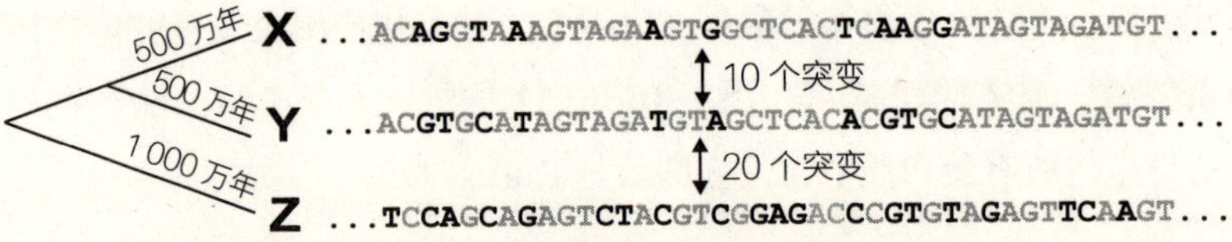


图2-2 X、Y和Z的生物钟基因

现在，我们把图2-2中的三个物种想象成巨大的生命之树的一根小树枝上的三片叶子，就像你可以把草、羽扇豆和蝴蝶等相关物种群想象成这棵树的一个分支一样。[10] 追溯一个物种的进化史就像在这棵树上展开的一次旅行，一次回到过去的旅行。这就像从一片叶子朝着树干移动，从萌发新叶的小树枝出发，回到长出小树枝的大树枝，再从那里回到更大的树枝，以此类推。两个分支连接成一个更大分支的地方就对应着进化史上的一个特殊时刻，即两个分支上的物种最近的共同祖先存在的时刻。尽管生命之树比地球上任何一棵树都要大得多，其上有数百万个物种和同样多的分支，我们仍然能够迅速找到那个特殊时刻，因为我们只需计算分子钟在从叶子回到分叉处（共同祖先）的旅程中响了多少下。

生物学家对多种草进行这样的研究时就采用了这种方法，不过他们不是只使用了一个分子钟，而是使用了两个分子钟，即 ATP 合成酶和 RuBisCO。他们发现，这些草在至少 6 500 万年前有一个共同祖先。换句话说，分子钟独立地证实了化石记录告诉我们的事实，即草类是一个古老的植物家族。[11]

当然，草类有如此古老的历史本身并不奇怪。草类可能很古老，许多其他形式的生命更加古老。更令人惊讶的是草类出现之后发生的事情，即它们并没有发展壮大！草类在诞生 4 000 万年后才成为优势物种。[12] 这一点尤其令人困惑，毕竟进化赋予了草类很多种创新，使它们在许多环境中都具有很大优势。这些创新本该在恶劣干燥的环境中大放异彩，但这种环境中恰好充斥着草类的头号敌人：食草动物。[13]

在这些创新中，有一项创新改变了植物的基本结构。对大多数植物来说，地面上的细胞只能在茎的顶端分裂，也就是分生组织所在的部位，这里也是植物不断生长的地方。当面对食草动物时，这一特征会带来一个致命的问题，即一旦食草动物吃掉了这些重要的茎尖，植物就会死亡，因为它们无法生长和再生了。在草类中，进化以一种简单而巧妙的方式解决了这个问题，那就是让分生组织远离茎尖，靠近地面。即便食草动物啃食后只留下残茎，叶片也能从残茎上重新长出来。更重要的是，保存分裂细胞的柔软湿润的组织被叶子包裹着，叶子像鞘一样围绕着这些组织生长，这样能够防止水分蒸发，从而帮助草在干旱的环境中生存。

此外，草类还能合成化学防御物质，这些物质虽然用肉眼很难看到，但同样十分重要。木质素就是其中一种，它能使木材变得更加坚硬。另一种是二氧化硅，它是构成沙子和植物石的坚硬物质。草叶中富含这两种物质，所以它们很难被消化。二氧化硅还会磨损牙齿，并导致肾结石。食草动物可能不会担心自己得肾结石，但是它们肯定不喜欢自己的牙齿被磨坏。如果可以选择，食草动物更喜欢鲜嫩的树叶。

对草类来说，木质素和二氧化硅的好处不止于此。它们还能使叶子变硬，防止叶子枯萎，从而帮助草类抵御干旱。草类的根也具有抗旱的作用，它可以储存养分，并在雨季到来时帮助草类迅速重新生长。[14]

这些创新于草类而言都极为重要，但是意义最深远的也许是另一项化学创新，它就是大名鼎鼎的 $C_4$ 光合作用。[15] 这个名称来自一种有 4 个碳原子的分子，这种分子是一些植物在进行光合作用时从空气中吸收二氧化碳后产生的，这些植物也因此被称为 $C_4$ 植物。相比之下，传统的 $C_3$ 植物产生的相应分子只有 3 个碳原子。

$C_4$ 光合作用在一定程度上弥补了 RuBisCO 的一个重大缺陷。当 RuBisCO 发挥作用时，这种酶有时会把氧气误认为二氧化碳，并试图吸收氧气，进而整合到植物生物质中。这是一个很大的问题，毕竟氧气是光合作用产生的废物。这就好比一个厨师在做馅饼时遗漏了一种必不可少的配料，同时又错误地往面团里加入了一团垃圾。出了这种差错时，人类会把整个馅饼扔掉，但是植物不会这么做。它们会移除并回收在 RuBisCO 的“帮助”下构建的错误分子。在这个过程中，它们会消耗一定能量，而能量是生命的“通用货币”，这是一个不可忽视的代价。

当植物周围的空气含有少量氧气和大量二氧化碳时，这一成本就比较低，因为在这种情况下，RuBisCO 通常能够捕获正确的分子。当空气中含有大量氧气和少量二氧化碳时，这个成本就会变得很高，因为在这种情况下 RuBisCO 通常会捕获错误的分子，每次出现这种差错都会消耗植物的能量。在炎热干燥的地方，这个问题尤其突出。原因很简单，当天气炎热且干燥时，植物会关闭叶子上的微小孔洞，也就是气孔，避免失去太多的水分。气孔对植物来说至关重要，植物通过气孔吸收新鲜空气。当植物以关闭气孔的方式“屏住呼吸”时，新的二氧化碳就无法进入叶片，于是氧气废物就会堆积起来。这有点像水族箱中的鱼向水里撒尿而毒害了自己。换句话说，在炎热且干燥的地方，植物面临着两难选择：要么失去宝贵的水分，保存能量；要么保存水分，浪费能量。

$C_4$ 光合作用通过一系列巧妙的化学反应解决了这个棘手的问题。这些化学反应的目的是将二氧化碳集中在 RuBisCO 周围，从而降低 RuBisCO 捕获错误分子的风险。这样一来，$C_4$ 植物就可以鱼和熊掌兼得了：它们既可以保存水分，又可以节省能量。[16]

$C_4$ 光合作用会引人注目，还有另一个原因，那就是它在草类的进化过程中至少独立地出现了 17 次。[17] 我们能够知道这一点，是因为生命之树上的草类主分支可以细分为很多小分支，即 12 个亚科，然后进一步分为 700 多个属。属是生物分类的单位之一，低于科，高于种。这些较小的分支中只有一部分包含着能够进行 $C_4$ 光合作用的草类物种，更重要的是，这部分分支已经与不包含能进行 $C_4$ 光合作用的草类物种的分支分离。这告诉我们，这部分分支上的每一种草都有一个独立发现了 $C_4$ 光合作用的祖先。[18]

你可能会认为，在靠近地面的分生组织、化学防御物质和 $C_4$ 光合作用等创新出现之后，草类肯定会迅速走向繁盛。事实却是，在长达 4 000 万年的时间里，它们并没有做到这一点。这表明，进化成功与否并不完全取决于创新。当草类的数量最终爆发时，进化与之几乎没有关系，那个时候进化并没有赋予草类惊人的创新。事实上，草类的成功源自气候变化。

自地球从恒星的尘埃中诞生以来，地球上的气候就一直在变化。太阳的热量一直在增加和减少之间交替，地球的椭圆轨道一直在轻轻地摆动，地球的轴线一直像旋转的陀螺一样摇晃，山脉一直在随着大陆板块的相互碰撞而隆起，洋流一直在摇摆，陨石一直在撞击，火山一直在爆发，火山喷出的温室气体遮天蔽日……在这些因素中，有一些可以持续存在好几千年，另一些则只会持续存在几年，所有这些因素共同创造了一种不断变化的气候。在过去的 40 亿年里，它们创造了像热室地球那样的极端气候，南北两极几乎没有冰，海平面比现在高 200 米。它们还导致了极度寒冷的冰河时代，大陆的大部分地区被几千米厚的冰盖覆盖。

在这些气候变化中，有一个变化引起了草类植物的爆发。那是在中新世[①]中期，地球一度变得很干燥。这种变化构成了一次重大的气候变化，其部分原因是大陆的漂移和运动，创造了像东非高原这样的高地，以及像北美洲的内华达山脉和南美洲的安第斯山脉这样的山脉。这些山脉的背风面形成了许多巨大的雨影区。经过山脉的雨云被盛行风吹向某一个方向，大部分雨水降落在山脉的一侧，留给山脉另一侧的雨水非常少，大片干旱地区由此形成，如安第斯山脉雨影区的阿塔卡马沙漠、内华达山脉雨影区的大盆地，这个盆地横跨内华达州、犹他州和俄勒冈州。

在这一气候变化时期，数百万平方千米的森林无法获得足够的水分来维持生存。当森林消失的时候，草类就准备大展身手了，它们的创新终于

---

① 中新世是地球历史上的一个时期，始于 2 300 万年前。

得到了回报。大约在同一时间，大气中的二氧化碳含量碰巧开始下降，这又给了 $C_4$ 植物动力，因为在二氧化碳稀缺的情况下，$C_4$ 植物会比其他植物长得更好。[19] 结果就是，草类的数量急剧增加，最终它们覆盖了大量不同的栖息地，如非洲稀树大草原和欧亚大陆上的无树草原。在非洲稀树大草原上，草类占据着主导地位，零星的耐旱树木点缀其间。在欧亚大陆广阔的无树草原上，数百万年后将出现一个强大的蒙古族部落。

总而言之，在合适的气候出现之前，进化所带来的所有创新对草类并没有多大助益，而合适气候的形成往往需要数百万年的时间。

当然，草类不是唯一一种需要等待这么长时间才能成功的植物。有一种植物的抗旱性和耐热性比草类还强，而且它的解决方法独特而巧妙。这种植物就是仙人掌。在树木的进化过程中，树冠的表面积不断增大，以便吸收足够的阳光，仙人掌则不同，其茎部的表面向下以保存水分，从而变成球形或柱状。仙人掌的茎变成了储水器官，其表面覆盖着具有保湿作用的蜡，还长着能挡风的毛，以减少水分蒸发。

仙人掌的根系很浅，可以吸收土壤表层的水分，甚至仅露珠就足够它们维持生存。仙人掌还拥有进行 $C_4$ 光合作用的能力，并掌握了另一种保存水分的技巧，即只在晚上打开气孔吸收二氧化碳并将其储存起来。这样一来，它们就可以在白天消耗这些二氧化碳，同时关闭气孔以保存水分。

仙人掌不像草那样古老，在大约 3 500 万年前起源于美洲，直到 2 500 万年后才开始兴盛。那时，美洲大陆的部分地区变得特别干燥，甚至比草原还要干燥，形成了一批像索诺兰沙漠那样的令人生畏的荒地。也就是在那个时候，仙人掌的种类激增。在几百万年的时间里，仙人掌就进化出了现存的 1 800 个物种。[20]

## 不断变化的环境让鸟类走向成功

到目前为止，我所举的例子都涉及植物。植物在应对不断变化的世界时尤其无助。原因很简单，一旦在一个地方扎了根，植物就很难迁移并选择一个更好的环境，一个能让它们的生存技能更好地帮助它们走向繁盛的环境。你可能会认为这是很多植物物种延迟成功的原因。也许，它们只是不得不等待？

这种猜测可能有其合理的一面，但是总体来说是错误的。有些动物也不得不等待，甚至要等待更长时间。在这些动物中，有一种是我们都很熟悉的毛茸茸的、有生命的、温血的、哺乳的动物，那就是包括人类在内的哺乳动物。

就像草类和仙人掌一样，现有的 5 400 多种哺乳动物进化出了惊人的多样化生命形式。在哺乳动物中，有体型巨大的蓝鲸，它们的体重可能超过了 150 吨。当然，这只是一个估算出的数值，而且有可能低估了，因为给蓝鲸称重非常难。这也是一个血腥的过程，要先将一头被猎杀的蓝鲸切成若干段，每段半米宽，然后分别称重。[21]

与蓝鲸这种庞然大物相比，目前已知最小的哺乳动物——伊特鲁里亚鼩鼱（Etruscan shrew）的体重只有 1.3 克，还不到蓝鲸体重的一亿分之一。伊特鲁里亚鼩鼱就像长着长鼻子的小老鼠，看上去非常可爱，这弥补了其体型上的不足。不过，这种相似性只是表面上的，因为伊特鲁里亚鼩鼱并不是啮齿动物，而是以昆虫为食的鼹鼠和刺猬的近亲。伊特鲁里亚鼩鼱在吃这方面特别放纵，每天吃掉的食物的重量是其体重的两倍。它们需要这么多食物来维持自己极度活跃的温血代谢。

伊特鲁里亚鼩鼱完全符合人们对那些生活在恐龙时代的早期哺乳动物的刻板印象。这种刻板印象来自教科书。据说，这些动物灵活小巧，可以轻松地围着笨重的恐龙跑。它们是温血动物，身上覆盖着毛茸茸的隔热层，所以它们擅长在夜间活动，从而降低被捕食者吃掉的风险。后来，一颗巨大的小行星撞击尤卡坦半岛，引发了气候灾难，当恐龙在这场灾难中灭绝之后，哺乳动物从这些压迫者的尸体下面爬了出来，进而征服了整个地球。这就是教科书上有关早期哺乳动物的故事。

这种刻板印象或许有一定的道理。大多数早期哺乳动物都很小，有一些确实有点像伊特鲁里亚鼩鼱。此外，早期哺乳动物确实曾与恐龙共存。直到6 500万年前白垩纪末期恐龙灭绝，早期哺乳动物的数量才开始激增，但是它们的体型并没有变大，也未能进化出今天这种多样性。不过，这也是一种刻板印象，忽视了近 30 年来古生物学领域的大量惊人发现。在这些发现中，最具代表性的是主要在中国发现的一系列完整的哺乳动物骨骼化石。[22]

这些骨骼告诉我们，哺乳动物比我们以前认为的要古老得多。[23] 例如，2002 年，一个由中国和美国的科学家组成的研究小组在中国发现了一种新的哺乳动物的化石，他们将这种动物命名为攀缘始祖兽（*Eomaia scansoria*）。[24] 这是一具保存得非常好的骨骼化石，甚至连皮毛的残余部分都清晰可见。科学家们从化石中推断，攀缘始祖兽身长大约为 10 厘米。在它被发现之前，学界认为最早的哺乳动物只有 7 500 万～ 8 500 万年的历史。当然，这段历史已经足够悠久，比哺乳动物崛起的时代早了 1 000 万～ 2 000 万年。不过，攀缘始祖兽把哺乳动物的起源往前推了 4 000 万～ 5 000 万年，因为它有 1.25 亿年的历史。[25]

攀缘始祖兽的学名为“*Eomaia scansoria*”，其中“Eomaia”一词在希腊语中的含义是“黎明之母”，意指哺乳动物的母亲，而“scansoria”一词则来自拉丁语“scandere”，意思是攀登。我们从这个学名就可以看出攀缘始祖兽并不像伊特鲁里亚鼩鼱那么简单，尽管它也相当小。攀缘始祖兽细长的四肢和向外伸展的手指是爬行动物的特征。事实上，从四肢来看，攀缘始祖兽更像今天的猴子，而不是树鼩。[26] 换句话说，攀缘始祖兽是进化所做的一个关于哺乳动物如何在树上谋生的实验的结果。遗憾的是，它没有留下后代，在白垩纪结束之前很久就灭绝了。

攀缘始祖兽并不是科学家近年来发现的唯一一种古老的哺乳动物，甚至也不是最早尝试在树上生活的哺乳动物。在它之前数千万年，在侏罗纪晚期，地球上生活着一种类似哺乳动物的动物，叫作亨克龙（*Henkelotherium*）。这是另一种与伊特鲁里亚鼩鼱有些相似的树栖动物，早在哺乳动物时代到来之前就灭绝了。侏罗兽（*Juramaia*）也是一种已经灭绝的树栖哺乳动物，它的历史可以追溯到 1.6 亿年前。[27]

哺乳动物的出现比恐龙灭绝早了将近 1 亿年。在恐龙灭绝之前，哺乳动物一直处于劣势，但是它们的进化并没有停滞不前。相反，哺乳动物尝试了各种各样的生活方式，前面提到的树栖只是其中之一，它们还尝试过水栖这种生活方式。1.6 亿年前，进化创造了一种名为獭形狸尾兽（*Castorocauda*）的哺乳动物祖先，它长着体毛，还生有蹼足，这对生活在水中的动物来说是一个致命弱点。獭形狸尾兽还有专门用来咬住鱼的牙齿和扁平的鳞状尾巴。换句话说，它看起来像一只海狸，不过是一只小海狸，因为它的体重还不到 1 千克。然而，这种相似性并不能表明獭形狸尾兽与今天的海狸有亲缘关系，在现代海狸出现之前很久，獭形狸尾兽就已经灭绝了。[28]

远古翔兽是另一种有着独特生活方式的古代哺乳动物，其学名

"*Volaticotherium antiquus*"在拉丁语和希腊语中的意思是"古代会飞的野兽"。它的脚趾能抓住树枝，又长又平的尾巴有助于保持身体平衡。最引人注目的是，一层像翅膀一样的膜连接着它的前肢和后肢。这种膜被称为翼膜（patagium），在现今的树松鼠身上也能找到。换句话说，作为一种会滑翔的哺乳动物，远古翔兽可以从一棵树上飞到另一棵树上，不过它的牙齿并不像松鼠的牙齿，更像以昆虫为食的动物的牙齿。[29] 当然，远古翔兽也早就灭绝了。

此外还有弗鲁塔掘兽（*Fruitafossor*），它是在科罗拉多州的弗鲁塔市附近被发现的，并因此得名。弗鲁塔掘兽拥有强壮的前肢，可以在坚硬的土壤中挖洞，还长着专门用来吃白蚁之类的昆虫的牙齿，与今天的食蚁兽或犰狳很像。[30] 不过，它早就灭绝了，所以不是食蚁兽的祖先。

这些早已灭绝的古代哺乳动物表明，哺乳动物的进化反复解决了同一个问题，即如何在树上、水中和空中生存。哺乳动物的进化还提出了一些解决方案，类似于现今的哺乳动物所采用的解决方案。

不同的生物体拥有相似的创新，这种现象非常普遍，甚至有自己的专属名称，即趋同进化（convergent evolution）。更重要的是，趋同进化可以告诉我们很多信息，这些信息与哺乳动物生命之树分支的形状有关。

在这根树枝生长的过程中，上面曾长出很多侧枝，也就是说，树鼩、海狸、鼯鼠和食蚁兽的生存方式在进化史上出现了很多次。虽然这些侧枝最终都枯萎死亡了，但是主枝在恐龙时代不知怎么挺了过来。主枝继续生长，最终爆发，新物种涌现出来。在那个时期，哺乳动物生命之树上的物种还没有达到今天的 5 400 多种，所以它的形状更像一朵玫瑰，在花瓣绽开之前，它先长出了一条长长的茎。

触发这场大爆发的不是任何一项创新，哺乳动物的创新以前就出现过，其中许多创新出现过不止一次。触发因素是世界再次发生了变化。恐龙灭绝就是其中一个变化，这个事件减轻了哺乳动物承受的竞争压力。不过，这可能不是唯一的原因。当时，世界上发生了很多变化，例如气候变暖了，开花植物也在进化，它们进化出的多样性使哺乳动物的饮食和生活方式也变得多样化。[31]

我们可能永远不会知道是哪种或哪几种变化触发了哺乳动物的爆发。不过，这不是我们关注的重点。重点是，它们的爆发是由一个不断变化的世界引发的。与此同时，另一群现在非常成功的动物也在断断续续地进化。这些动物与恐龙之间并不存在竞争关系，它们本身就是恐龙，幸存下来的恐龙。

这些幸存者包括蜂鸟、斑头雁（bar-headed gooses）、帝企鹅和灰海鸥等。蜂鸟体型微小、绚丽夺目，在热带地区的花朵之间嗡嗡穿梭，用细长的喙啜饮花蜜。斑头雁可以在稀薄的空气中穿越喜马拉雅山以进行迁徙，其他动物这样做可能会丧命。帝企鹅拥有厚厚的保护性脂肪和绒羽，能够在 -40℃的温度下繁衍后代，还能在南极冰面上摇摇摆摆地徒步 100 多千米。灰海鸥生活在智利的阿塔卡马沙漠，这里酷热且无水，是地球上环境最恶劣的地方。

早在 1.5 亿年前的侏罗纪时期，进化就开始将鸟类的结构一块一块地组装起来，远远早于现今的 9 000 多种鸟类出现的时期。在生物学领域，这种结构被称为身体构造。那是一个翼龙仍然统治着天空的时代。在那个时期，地球上还生活着一种现在被称为始祖鸟（见图 2-3）的标志性动物，它既具有鸟类的部分特征，如羽毛和翅膀，也拥有爬行动物的很多特征，比如一整套牙齿和从覆盖着羽毛的肢体末端伸出的三个爪子。

图 2-3　始祖鸟的化石

1860 年，人们发现了始祖鸟化石，自那之后的很长一段时间里，人们一直认为始祖鸟是鸟类与爬行动物之间缺失的那一环。最近几十年间，研究人员发现了许多类似的化石。有些化石的历史比始祖鸟这种嵌合体要短，其他一些化石则比它古老。这些化石共同改写了鸟类的故事，并证明了始祖鸟只是众多已经灭绝的鸟类中的一种。[32] 在超过 1 亿年的时间里，进化改变了鸟类的典型特征，如无牙的喙、卵、羽毛和翅膀等。前肢变得更长、更有力。骨头变成中空的，以减轻重量，还进行了一系列改造，如旋转、扭曲和融合，以利于扑翼飞行。锁骨合并成一块叉骨，可在鸟翼扇动时避免左右乌喙骨发生碰撞。胸骨上长出龙骨突，连接着强大的飞行肌肉。羽毛从柔软的细毛变成了坚固的翎羽，后者呈宽叶片状。与此同时，这些动物的体型变得越来越小，并开始用两条腿走路，而且不再像大多数爬行动物那样以埋蛋的方式来繁殖。

当进化试图将爬行动物和鸟类的特征混合并进行匹配时，上述所有变化都经历过一开始就出现错误并进入死胡同的情况，而且不止一次。最终，这些新物种都像始祖鸟一样灭绝了。1.3 亿年前的寐龙（*Mei long*）就是其中之一，“寐龙”在汉语中是“沉睡的龙”的意思。这种动物仍然拥有牙齿，但令人惊讶的是，它们睡觉时的姿势与现代鸟类一样，即腿折叠后放在身体下面，喙插在翅膀下面。寐龙的这种睡姿不仅很奇特，还暗示寐龙是温血动物，今天的鸟类采取这种睡姿就是为了保暖。[33] 7 500 万年前的窃蛋龙（*Oviraptor*）更像鸟类，它们长着没有牙齿的喙，并且会像现代鸟类一样孵蛋。[34]

有些进化实验还创造出了一些新特征，我们在爬行动物和现今的鸟类身上找不到这些特征。事实上，它们可能不是真正意义上的特征，而是一些小缺陷。这些小缺陷可能只是一种负担，而不太可能带来好处。1.2 亿年前的小盗龙（*Microraptor*）身上就有这样一个小缺陷。小盗龙有两对翅膀而不是一对翅膀，它的前肢和后肢上都覆盖着叶片状的羽毛。[35] 两对翅膀可能有助于产生更大的升力，但是肯定会使行走变得非常困难，因为覆盖在小盗龙后肢上的羽毛太长了，在小盗龙行走时，这些羽毛会拖在地上。[36]

这些例子表明，要想完成创建鸟类的身体构造这项任务，需要进行一系列组装和实验。这项任务要在其他恐龙于白垩纪末期灭绝之前的数百万年内完成。新的身体构造并没有让鸟类立刻取得成功。鸟类没有出现爆炸性辐射，至少不是立刻出现爆炸性辐射。鸟类的数量在当时可能并不丰富，因为那个时期留下来的鸟类化石非常稀少。[37]

未来我们可能会发现很多来自那个时期的鸟类化石，但是即便我们真的发现了，当时的鸟类数量仍然无法与其他物种相提并论。总而言之，在其他恐龙灭绝之前，鸟类并没有“起飞”（这是一种形象的说法）。

后来，鸟类确实“起飞”了。然而，恐龙的灭绝并不是所谓的鸟类“大爆炸”的唯一原因。[38] 当那颗直径 15 千米的小行星撞向尤卡坦半岛时，其威力相当于 100 亿颗原子弹，它所造成的影响远不止把恐龙逼到灭绝的边缘。事实上，它还改变了全球的气候，并帮助创造了一个鸟类可以茁壮成长的世界。在很多年里，那次小行星撞击中喷射出来的碎片覆盖了天空，冷却了大气层，整个地球都变暗了。世界范围内的森林都消失了，后来花了 1 000 多年才恢复过来。森林的消失导致当时已经出现的少数树栖鸟类走向灭绝，而森林恢复后又创造了新的生存空间。[39] 这个生存空间最终会被鸟类占据，包括以前的地栖鸟类，它们再次崛起，并迎接树栖生活的挑战。

值得注意的是，鸟类的成功不是缘于单一的新特征，或者说某项关键创新[40]，它们的主要特征早在鸟类“大爆炸”之前就已经存在。事实上，是不断变化的环境推动鸟类从默默无闻走向巨大的成功。在讲述草类、仙人掌、哺乳动物和鸟类时，我都描述过这种进化模式，它频繁出现在生物的进化史中，为此，古生物学家专门为它创造了一个专业术语，即宏观进化滞后（macroevolutionary lag）。宏观进化是进化的一部分，它指的是在生命之树上创造了新物种的整个分支的进化。宏观进化与微观进化形成了鲜明的对比，微观进化只是改变一个物种内的个体。滞后则是指一种新生物的起源远远早于它的最终成功。**如前所述，一种生物的成功指的是数量大幅增加，或者辐射出许多物种，或者两者兼而有之。**[41]

在宏观进化滞后期间，当一种生物在数百万年的时间里艰难求生时，进化可能会使该生物或多或少发生变化。进化可能会对新的身体构造进行试验并加以完善，就像对鸟类所做的那样。它也可能会重复地创造和丢弃同一种身体构造的相似变体，就像对树栖哺乳动物所做的那样。在宏观进化滞后期结束时，生物以新的生命形式爆发，但是这种爆发通常不是由进化所带来的创新引发的，而是由外部事件引发的，比如环境的变化，具体的例子包括地球变得极其干燥或恐龙的灭绝等。[42]

其他许多生物也经历了类似的考验和磨难，包括蚂蚁、白蚁和蜜蜂等。例如，最早的蚂蚁可以追溯到1.4亿年前，[43] 但直到4 000万年后，蚂蚁才开始分化，最终变成今天的1.1万多种。在开始分化后的4 000万年里，蚂蚁的种类一直很少，这个时期的蚂蚁化石仅占昆虫化石的1%。相比之下，在3 000万年前蚂蚁崛起之后，它们的化石占到了昆虫化石的20% ～ 40%。[44]

我们无法确定是什么引发了蚂蚁的爆发，但是蚂蚁爆发的时间明显与一种植物的兴起相吻合。这不是一个普通的种群，而是最成功的种群，那就是开花植物，它们最终进化出将近30万种。开花植物造就了森林，现今的大多数蚂蚁仍然生活在森林中，尤其是热带地区的蚂蚁，它们不仅数量庞大，而且极具多样性。森林中的植物多种多样，为蚂蚁的新生活方式创造了无数机会。那些拥有丰富的植物多样性的森林可以维持丰富的昆虫多样性。由于这些昆虫是蚂蚁的食物来源，这样的森林也可以维持大量具有独特饮食习惯和生活方式的蚂蚁物种。有些蚂蚁的生活方式确实是独一无二的。例如，有的蚂蚁会建造“奶牛养殖场”，在这个方面，蚂蚁的进化可以说比人类早了数百万年。在“奶牛养殖场”中，蚂蚁会培育一群吸食植物汁液的蚜虫，然后从蚜虫身上获取蜜露。就像任何一个负责的农民一样，蚂蚁也会保护它们的蚜虫群免受捕食者的侵害。有一些蚂蚁则打造了巨大的“真菌花园”，这些真菌能够为它们预先消化树叶。随着开花植物的兴起，蚂蚁的生活方式趋于多样，建造“奶牛养殖场”和“真菌花园”只是其中两种。

在生命之树的更小、更不起眼的分支上，成功也被推迟了。在一个小分支上分化出了一种生活在南极地区的鱼类，属于南极鱼科（Nototheniidae）。令人惊讶的是，这些鱼能够在温度低于冰点的海水中茁壮成长，要知道身体内部形成的冰晶可以像刀一样切开脆弱的细胞和组织。它们能够生存下来，要归功于 2 200 多万年前产生的一种特殊的蛋白质，这种蛋白质能够阻止冰晶的形成。如果这种抗冻蛋白都算不上一项重要的创新，那我真不知道什么才算。然而，这些鱼还需要等待 1 000 万年才会开始辐射。这一次，触发因素依然是气候变化。在它们开始辐射之前，全球气温要比现在高几度。大约 1 400 万年前，地球开始冷却，形成了我们今天所知的南极洲。冰盖和冰川向前推进，冲刷着海底，消灭了原本生活在海底的生物，新来者得以占领新形成的栖息地。[45]

满月蛤科（Lucinidae）的咸水蛤更不为人知，但同样值得我们关注。它们的默默无闻不仅是象征性的，也是字面上的，因为它们会在泥泞的海底挖洞来居住。它们值得被关注，是因为它们在大约 4.2 亿年前的志留纪时期首次出现之后，即便一直无足轻重，仍然坚持了很长时间。要知道，那个时代远远早于恐龙出现的时代，爬行动物和两栖动物也尚未出现。在那个时代，世界是鱼类的乐园，植物刚开始征服陆地。满月蛤谦卑地活了大约 3.5 亿年，直到大约 7 000 万年前才快速分化出 500 多个物种。为了理解背后的原因，我们有必要了解这种咸水蛤参与的一种不寻常的“三人行”。这种“三人行”完全不涉及性，而是指满月蛤与其他两个物种相互喂食。满月蛤的第一个伙伴是一种细菌。这种细菌可以从海底的有毒硫化物中获取能量，并在此过程中除去它们的毒素。这种细菌生活在满月蛤的鳃中，利用收集到的能量生产糖，从而为满月蛤和自身提供生长所需的营养。

满月蛤的第二个伙伴是海草。海草生长在广阔的海底草原上，为许多动物提供庇护，其中就包括满月蛤。海草本身就很了不起，它们的祖先是陆生开花植物，后来在水中定居，这有点像海豚，从陆生哺乳动物进化为水生动物。大约 8 000 万年前，海草的祖先定居海洋，很快就与满月蛤结成了一个特殊的联盟。

就像陆地上的草能够保护土壤一样，海草可以保护海底的地面免受侵蚀，从而保护了满月蛤的栖息地。海草的根会将氧气释放到泥土中，这有助于满月蛤的呼吸和生长。作为回报，满月蛤及其共生菌可以除去硫化物的毒素，保护海草免受硫化物的毒害。换句话说，满月蛤也帮助海草生存下去。在满月蛤的帮助下，海草得以扩散，这反过来又使满月蛤取得了延迟已久的成功。[46]

## 生命在时机成熟前就进行了创新

在时间的长河中，我们越往前追溯，就会发现越来越多的化石被大陆地壳的缓慢磨蚀所破坏，因此化石记录能告诉我们的关于生命早期历史的信息也就越来越少。不过，一些未被时间的利齿损毁的化石碎片留了下来，它们比 4 亿年前的满月蛤还要古老。这些化石碎片揭示了生命史上最引人注目的延迟成功案例。这个案例就是动物界的延迟成功，它不仅影响了一个科的动物，还影响了整个生物王国。[47]

分子钟告诉我们，动物起源于大约 7.5 亿年前，那是一个被称为元古代的地质时期。[48] 元古代的英文“Proterozoic”在希腊语中是“早期的生命”的意思。这确实是一个非常贴切的名称，因为当时的绝大多数动物最终都灭绝了。即便有些动物幸存下来，在接下来漫长得难以想象的 2 亿年里，它们也没有进化出多少新的生命形式，比一个浮潜者去一处珊瑚礁所能发现的物种还要少。在这些新的生命形式中，有一些的形状类似今天的海绵动物，有一些看上去像永久固定在海底的细长管子，还有一些像蕨类植物的叶子，它们在海水中起伏，从流过的水流中吸收养分。浓密的微生物垫覆盖着海底，一些动物在上面缓慢爬行并进食。[49] 如果把这些动物称为蠕虫，那是对蚯蚓的冒犯。与这些动物相比，蚯蚓的身体结构要复杂得多，有肌肉、神经系统、血管和肠道。为了进一步了解这些动物的身体结构到底有多简单，我们必须研究一下丝盘虫（*Trichoplax adhaerens*），它是当今世界上最神秘、最原始的动物之一。

丝盘虫虽然由几千个细胞组成，但是仍然像单细胞变形虫（amoeba）一样移动。丝盘虫最多只有几毫米长，全身透明，而且很薄，不到 0.1 毫米厚，用肉眼很难观察到。由于形状多变，丝盘虫既无前后之分，也无左右可言。正因为丝盘虫如此之小，它才可以在没有肠道和血管运输食物的情况下生存。丝盘虫也没有神经系统和肌肉，只能借助细小的毛发状纤毛在海底爬行。纤毛的英文“cilia”在拉丁语中是“睫毛”的意思，不过丝盘虫的纤毛是用来推动身体前进，而不是保护眼球。丝盘虫进食时会抬起身体的一部分，变得有点像吸盘，使自己和海底之间形成一个微小的中空空间，我们可以把这个小空间想象成一个“体外胃”，丝盘虫会分泌酶来消化被困在这个小空间里的细胞。丝盘虫很神秘，我们对它的进化史知之甚少。与已经灭绝的其他元古代底栖动物一样，丝盘虫没有近亲，独自生活在生命之树的一个长长的分支上。然而，它的基因组 DNA 和身体结构表明，它与一些海绵状生物有关，后者可能是所有动物的祖先。[50]

诸如丝盘虫这样的简单动物主宰了元古代。如果有一个超级长寿的观察者在 2 亿多年的时间里以 1 000 年为单位观察它们的进化情况，就会发现它们在不同的千年里几乎没有变化，至少比之后的任意一个时期内发生的变化都要小得多。由于它们的进化是如此沉闷而单调，这个观察者可能会把动物的前景描写得黯淡无比。如果一直以来动物的生存方式和黏菌一样简单，甚至更简单，那么它们取得成功的机会又有多大呢？

这种机会可能确实非常小，但是并非不存在，毕竟最终动物还是取得了巨大成功！在5亿年前，动物的多样性突然急剧增加，这就是人们非常熟悉的寒武纪大爆发（Cambrian explosion）。[51] 在地质学上，寒武纪是以威尔士的拉丁语表达来命名的，因为人们在威尔士发现了寒武纪时期的许多重要岩石。寒武纪持续了5 600万年，我们今天所知道的主要动物群体在寒武纪结束之前很久就出现了，更准确地说是动物诞生之后的一小段时间里。这些动物群体包括节肢动物、软体动物、棘皮动物和脊椎动物。节肢动物包括虾、蜘蛛、蜜蜂和蝴蝶等各种各样的生物，棘皮动物中最著名的是海胆和海星。[52]

值得注意的是，寒武纪动物群中最早的那些动物与今天的动物完全不同。它们的外形很奇特，淋漓尽致地展现了动物多样性。古生物学家古尔德在著作《奇妙的生命》中的精彩描述，让它们走进了大众的视野。在寒武纪动物群中，有一种奇怪的生物叫仙掌滇虫（*Diania cactiformis*），也被称为“行走的仙人掌”，它的身体像蜈蚣一样细长，全身覆盖着厚厚的盔甲，还长着20条高跷似的腿，腿上长满了尖刺，还有一个有点像荧光灯泡的头。

与仙掌滇虫不同，威瓦西亚虫（*Wiwaxia*）用一只鼻涕虫状的脚在海底爬行，它的身体呈头盔状，全身覆盖着盔甲式的鳞片，鳞片上长着匕首状的刺，这些防御工具都是用来对付潜在的捕食者。总的来说，威瓦西亚虫看上去有点像刺猬和蜗牛的混合体。[53]

欧巴宾海蝎（*Opabinia*）的外形也很怪异，它长着很多对连成鳍状的附肢，附肢上长有鳃。欧巴宾海蝎的头部呈球状，上面有5只眼睛和一个长长的嘴，有点像真空吸尘器的软管，末端有一只长长的爪子。听了我的描述，你应该就能想象出这种动物的样子。[54] 在20世纪70年代的一次科学会议上，当古生物学家哈里·惠廷顿（Harry Whittington）首次展示欧巴宾海蝎的化石时，与会者忍不住放声大笑。[55]

欧巴宾海蝎只有几厘米长，与它形成鲜明对比的是一种名为奇虾（*Anomalocaris*）的动物，“Anomalocaris”在拉丁语中的意思就是“反常怪异的虾”。与欧巴宾海蝎相比，奇虾完全称得上庞然大物。它体长超过1米，很可能是当时的顶级掠食者之一。与欧巴宾海蝎一样，奇虾利用很多对裂片式的附肢来游动，末端的附肢形成扇形的尾巴。它的嘴呈圆盘状，像一个由菠萝串成的环，其实它是由多个重叠的吸盘组成，可以伸展和收缩，就像虹膜一样。两只大得出奇的带刺的前肢（或称触角）从嘴的左右两侧伸出来。奇虾的眼睛是复眼，有1.6万个单独的晶状体，其灵敏度可以与我们所知道的视觉灵敏度最高的昆虫的眼睛相媲美。[56]

直到今天，古生物学家还在争论这些生物以及其他几十种奇怪的生物之间的关系，它们与我们今天所知道的生命形式的联系也是争论的焦点之一。最主要的一个问题是，没有明显的中间化石可以阐明从一种生物到另一种生物的进化路径。这种中间环节的缺失告诉我们，这些动物出现得太快了，所以中间物种无法在化石记录中留下痕迹。换个角度来说，这些动物出现的速度之快凸显了进化的创造力。它们出现后不久又灭绝了，取而代之的是现今的动物群体。它们被取代这个事实也证明了同样的结论。当旧的生命形式被淘汰时，新的生命形式的进化并没有受到影响。

这就引出了一个关键问题：是什么阻止了进化在更早的时候展示它的创造力？对于从生活在海底的、没有大脑的微小食草动物进化到1米多长、目光敏锐的食肉动物这场革命，是什么让它推迟了大约2亿年？围绕这个问题的争议从未止息，这并不奇怪。寒武纪大爆发是一个发生在5亿年前的事件，从那以后，它的大部分痕迹都被时间冲走了。我们无法让时光倒流，去观察到底是什么让寒武纪大爆发延迟了这么长时间。不过，我们可以找到一个候选因素，那就是化学元素氧，更准确地说应该是氧的缺乏。[57]

在至少24亿年前，也就是进化产生光合作用之前，地球上的大气是一种对动物来说有剧毒的气体混合物。最明显的是，大气中缺乏氧气。海洋里也缺乏氧气，因而不适合动物生存。即便在蓝藻和藻类开始通过光合作用释放出氧气这种“废物”之后，氧气的积累也极其缓慢，需要将近20亿年的时间才能积累起足够养活大型动物的量。

氧元素可以帮助生物高效地获取能量，在这方面，能够与之媲美的只有氯和氟这两种化学元素，但是这两种元素都不稳定，无法用来维持地球上的生命。[58]每一口食物经过有氧代谢释放出的能量是无氧代谢状态下的10倍。有氧代谢，顾名思义就是要依靠氧气才能进行。即便是在今天，地球上一些缺氧的地区也无法维持大型动物的生命，比如一些深海盆地，这些地区主要由微生物占据。[59]丰富的氧还可以带来其他好处，比如大气中的臭氧层可以保护生命免受有害辐射的伤害。

氧气也是一种非常重要的燃料。在宇宙中，不同行星上的大气和海洋充满氧气所需的时间也不同，这很可能决定了哪些行星上能够出现复杂生命。在地球上，这个氧化过程持续了很长时间，准确地说是39亿年。这占据了自45亿年前地球诞生以来的大部分时间，几乎相当于太阳核熔炉有效寿命的一半。其他恒星的寿命可能要短得多，尤其是大质量恒星，它们的寿命可能只有数百万年，而不是数十亿年。这样的恒星可能没有给它们的行星提供足够的时间来实现氧化，因此，在这些行星上寻找复杂生命的“行星猎人”可能只是在浪费时间。[60]

进化迟缓的前寒武纪动物群生活在典型的缺氧或无氧环境中。在这种环境中，大多数我们熟悉的动物都无法获得足够的能量来维持生存，比如移动速度快的大型捕食者，甚至是比奇虾小得多的捕食者。最终，前寒武纪结束了。在寒武纪大爆发之前，两种新的化石就预示着前寒武纪的终结。它们虽然远不如寒武纪的奇异生物那么戏剧化，但是更具启发性，因为它们凸显了环境对生物进化成功的关键作用。

第一种化石不是动物身体的化石，而是遗迹化石，比如 *Fustiglyphus annulatus*[①]（见图 2-4）。当动物在海底爬行时，它们会留下痕迹，有时这些痕迹会变成化石。在寒武纪之前，动物们在海底的微生物垫上进食时留下的痕迹大都是水平的。换句话说，它们几乎不会垂直地钻入地下，可能是因为缺乏能量。这种情况持续了大约 2 亿年，直到寒武纪大爆发之前。就是在那个时候，动物们开始搅动海底的淤泥。它们留下的垂直痕迹表明它们在海底挖洞，可能是为了躲避捕食者，也可能是为了悄悄地在洞里捕食其他动物。

图 2-4　*Fustiglyphus annulatus*

① *Fustiglyphus annulatus* 是一种遗迹化石，是由远古生物的挖掘、爬行、觅食等活动留下的痕迹或结构。——编者注

在泥土中挖洞这种事情在蚯蚓耕作的花园中很常见。通过疏松土壤，穴居动物不仅为自己创造了生存空间，还将有益于其他动物的营养物质带到地表。挖洞可以创造新的栖息地，从而维持新的生命形式。[61] 穴居这种生活方式也表明，动物不只是被动地接受氧气带来的能量，它们还会积极地参与创造一个新世界。

寒武纪大爆发的第二个前兆是一群新的有壳小动物，它们也是有史以来第一批有壳动物。这些有壳小动物的化石在寒武纪大爆发前夜大量出现。[62] 它们虽然很小，通常不超过几毫米，但是形状各异，有的像蜗牛的壳，有的像牡蛎的壳。今天，我们可以很容易地在海边找到贝壳，它们虽然数量丰富，但是并不引人注目。在寒武纪，壳是革命性的创新，可以保护里面的嫩肉。壳的存在还表明，当时已经出现了大到足以吃下这种肉的食肉动物。[63] 是的，壳告诉我们，捕食者和猎物之间的军备竞赛已经开始了。在几百万年的时间里，这场军备竞赛不仅创造了像仙掌滇虫那样的想方设法进行防御的动物，还创造了像奇虾这样的大型捕食者。

古希腊哲学家赫拉克利特认为，冲突是万物之父。不过，他提出这个观点的时候既不知道进化论，也不知道寒武纪大爆发。在进化生物学家看来，赫拉克利特的这个观点极具洞察力，因为由能量驱动的活动引发了捕食者和猎物之间的冲突，这对寒武纪大爆发时大型动物的产生至关重要。

氧气是引发这场军备竞赛和寒武纪大爆发的主要因素，但它并不是唯一的因素。有些科学家倾向于认为温度的变化很重要，另一些科学家则强调了养分供应变化的重要性。然而，具体的触发因素到底是什么并不是最重要的。最重要的是要认识到，外部世界的变化对于唤醒一种深度休眠的新生命形式至关重要，这种新的生命形式就是起源于 2 亿年前的动物。[64]

对懂得解读化石的人来说，寒武纪大爆发中的创新是显而易见的，但是其他鲜为人知的创新同样重要。它们可以追溯到比寒武纪更早的时期，那个时期保存下来的化石很稀少。

有一项这样的创新几十年来一直吸引着生物学家。它早在寒武纪大爆发之前就出现了，而且对寒武纪大爆发至关重要。这项创新就是多细胞生物的诞生。多细胞生物是指拥有多个细胞的生物，它们的起源引出了一个深刻的问题，令生物学家着迷不已。在多细胞生物中，单个细胞必须为了整体的更大利益而牺牲自己的利益。在一个适者生存的世界里，这种利他主义是很难理解的，因为在这个世界里，生存者似乎只关乎自身利益。

在单细胞生物的世界里，每个细胞必须快速生长和分裂以超越其他细胞，否则它就会灭绝。多细胞生物并不遵循这样的规则。多细胞性要求细胞放弃自私的行为方式，更重要的是，它要求许多细胞舍弃自己的生命。在大多数多细胞生物中，有两类细胞发挥着两种不同的作用。一类细胞停止分裂，专门为其他细胞服务，即执行维持整个有机体运转所需的许多工作中的一项，比如在肠道中吸收营养，向器官输送氧气，保护身体免受疾病侵害，为血液解毒，等等。这类细胞会随着它所服务的有机体的死亡而死去。另一类细胞则会继续分裂，如生殖细胞，也即精子或卵细胞。只有生殖细胞才能代代相传，只有它们有机会永远活下去。

那么，是什么迫使很多细胞放弃自己的生命呢？在人类的身体里，这样的细胞有数万亿个。答案之一是，如果一个细胞（一个生殖细胞）的成功也代表着所有其他细胞的成功，那么多细胞生物和这种自我牺牲行为就能成功。当一个有机体中的所有细胞共享相同的DNA时，这种情况就会发生，因为DNA进化成功比其他事情都重要。当多细胞生物由具有相同DNA的细胞组成时，多细胞生物就能成功。

对于这个见解，我们必须感谢20世纪著名生物学家比尔·汉密尔顿（Bill Hamilton），他在20世纪60年代提出了自我牺牲的基因起源。[65]在此之前，生物学家一直在努力解释这种自我牺牲行为的成因，但是似乎比进化本身发现多细胞生物还要困难。这是因为古代多细胞生物的化石虽然很少见，但是并非没有，这些生物首次出现时，分布在生命之树上彼此相距甚远的多个分支上。例如，动物和植物各自独立地进化出了多细胞的生命形式。化石记录告诉我们，多细胞生物至少在22个不同的时期独立地进化出来。[66]

同样值得注意的是另一种证据，它证明了同样的观点：如果多细胞生物的出现在进化过程中很难被发现，那么我们永远不可能在实验室里观察到。若想观察到这个过程，实验需要持续很长时间，可能长达几百万年。然而，进化实验得出的结果恰恰相反。在合适的实验中，原始形式的多细胞生物能够进化出来，而且只需要几个星期的时间。

有一个这样的实验是从一种名为小球藻（*Chlorella vulgaris*）的单细胞藻类开始的。在实验室里，当小球藻被单独饲养时，它们顽固地保持着单细胞形式。当小球藻必须与另一种“不受欢迎”的单细胞生物共同生活时，情况就发生了变化。这种单细胞生物名为谷生棕鞭藻（*Ochromonas vallescia*），它们会捕食小球藻，并将其整个吞下。当研究人员将谷生棕鞭藻放到小球藻上时，它们会摧毁小球藻种群。一旦吃掉了大部分小球藻，它们就会开始挨饿，数量也会减少。

捕食者数量减少给了小球藻一个反弹的机会。当小球藻开始反弹的时候，它们不再是单细胞的生命形式，而是以大型的多细胞群体的形式出现，这些多细胞群体是通过从母群体中萌发子群体来繁殖的。这种多细胞群体的主要优势是规模大。对捕食者来说，这种多细胞群体太大了，无法将其吞下并吃掉。值得注意的是，在实验室中，这种原始形式的多细胞生物在20天内就出现了。[67]

2011年，威尔·拉特克利夫（Will Ratcliff）及其合作者在明尼苏达大学开展了一项引人注目的实验。他们研究的是啤酒酵母，一种用于酿造啤酒和制作烤面包的单细胞真菌。在实验中，他们将液体营养物中的酵母培养物静置在工作台上45分钟，不去移动或晃动它。在这45分钟里，一些酵母细胞漂浮在营养液中，另一些酵母细胞则沉到容器底部。接着，研究人员将沉到底部的细胞转移到一个装有新鲜营养液的新容器中。他们给这些幸存者一天的时间让其生长和分裂，并在这个过程中不断摇晃它们的培养物，以便让空气进入其中。之后，他们将盛有这些细胞的容器静置45分钟。选择细胞、让其生长、将其静置，研究人员不断重复这个过程，并持续进行60天。[68]

60天后，酵母细胞不再是单细胞形式，而是进化成了多细胞簇，就像雪花一样。这些多细胞簇容纳了许多细胞，体积很大，所以它们很快就稳定下来，这又增加了它们进入下一个生长和选择周期的机会。这些多细胞簇还进化出了一种原始的繁殖模式。它们会在细胞死亡的地方分裂，以此来切断两个多细胞簇之间的联系，而细胞死亡可能意味着这些细胞牺牲了自己。[69]当研究人员多次重复这个实验时，这些细胞簇每一次都会出现。

虽然那些沉到容器底部的生物在前寒武纪时可能会进化失败，但是这种非自然选择的成功表明了一个重要的观点：单细胞生物可以通过多种途径进化为多细胞生物，在合适的环境中，多细胞生物可以迅速出现并取得成功。在有关啤酒酵母的这项实验中，合适的环境是由研究人员创造的。自然界并不需要等待合适的DNA突变，比如那些能够帮助细胞在合适的时间黏合在一起或切断彼此之间联系的DNA突变。

如果说我们对多细胞生物的起源知之甚少，那么我们对生命的起源就更不了解了，而生命是地球上最重要的创新。然而，许多线索隐隐表明，生命的起源可能比我们想象的要容易，而且不断变化的环境也起到了推动作用。证据之一是，生命的多个基本组成部分都可以很容易地在自然界中形成，而且不需要借助外力。

1952 年的一个著名实验首次证明了这一点。这个实验的目标是重现大约 40 亿年前的地球上的化学环境。在这个实验中，化学家斯坦利·米勒（Stanley Miller）将水、甲烷和氨混合在一起，它们很可能是构成原始汤的成分。接着，他对这种混合物进行加热，并用电火花模拟闪电去激活。实验结果显示，由多种氨基酸组成的蛋白质在一周内就形成了。最近的实验创造了许多类似的基本物质，其中最引人注目的是 RNA，它先于 DNA 成为早期生命遗传的基础物质。[70]

更重要的是，在构成生命的基本物质中，许多物质都可以在一个比早期地球更恶劣的地方形成，这个地方就是外层空间。我们是在 1969 年了解到这一点的，当时，一颗和地球一样古老的陨石从太空坠落，斜着撞进了澳大利亚默奇森村的一个谷仓，它就是著名的默奇森陨石。化学分析表明，它携带了多种组成生命的成分。[71] 虽然到目前为止我们还没能用这些基本物质创造出生命，但是实验室实验已经取得了很大进展。例如，最近的实验展示了早期生命是如何解决一个关键问题的，这个问题对生命的起源和进化都至关重要。这就是繁殖的问题。

繁殖需要一个细胞能成功地分裂成两个。这对达尔文式的进化至关重要，因为如果不存在繁殖，自然选择就无从发挥作用。在现存生物的细胞中，繁殖是一个非常复杂的过程，由几十种蛋白质控制。这就是为什么它的起源似乎很难被解释。然而，最近的实验表明，生命和繁殖的起源其实可能非常简单。

一个细胞从根本上说就是一个“分子袋”，将这些分子聚集在一起的是脂质膜，这是一层由细长的分子排列在一起而形成的二维薄片。事实证明，如果存在合适类型的分子，这种膜是可以在试管中自发地形成的。候选分子之一是脂肪酸，研究人员恰好在默奇森陨石上发现了它的前体。[72]更重要的是，脂肪酸不仅可以形成膜，还可以形成囊泡。囊泡是一种类似于细胞的封闭球体，当更多的脂肪酸加入或与其他囊泡合并时，原本的囊泡就会生长。在适当的条件下，比如囊泡快速生长或者它们周围的水分蒸发时，它们将不再维持球形，而会变成细长的管子，或许应该说会变成极度不稳定的管子，最轻微的搅动就会使它们分裂成多个囊泡，管子里的分子也会分散到这些囊泡里。换句话说，“分子袋”不仅能够自行组装，还能够自行生长和分裂。它们不需要像现存生物的细胞那样受到精密的控制，即便这种控制可以确保生长和繁殖的精确时间。[73]

不幸的是，在45亿年前地球诞生后那段时间里，脂肪酸这样的分子很难持续存在，更不用说自组装了。当时，两个天体的剧烈碰撞创造了地球和月球，释放出了极其惊人的能量，连岩石都被煮沸了，其结果是形成了充满岩石蒸汽的早期大气，大气逐渐冷却到足以液化的程度，从而形成了岩浆海洋。虽然岩浆的热量最终辐射到了太空中，岩浆固化成了我们脚下的固体地壳，但是当时的大气层主要由二氧化碳组成，它吸收了足够的太阳热量，使地表温度保持在200℃以上。更重要的是，接下来的几亿年都属于通常所称的晚期重轰炸期（Late Heavy Bombardment），在这个时期，陨石随时会袭来，像雨点一样落在地球和月球上。我们现在仍然可以看到这一事件留下的痕迹，比如月球上的陨石坑。有一些陨石的直径超过了300千米，比导致恐龙灭绝的那块陨石还要大24倍。每一块这样大的陨石释放出的能量都极其惊人，足以使整个地球上的生物灭绝好几次。[74]

这种地狱般的景象在 42 亿～ 38 亿年前的某个时候消失了，然后进入了一个令人着迷的时期，生命的最初迹象出现了。这些迹象不是生物的化石，甚至连遗迹化石都算不上。它们是化学化石，标志着生命的化学特征。有一种化学化石来自碳同位素，即碳的某种稳定形式，比如$^{13}C$（碳 13），它比大多数碳组成的$^{12}C$ 要重一些。酶在构建细胞和生物体时更喜欢使用较轻的同位素，这意味着生物体比它们周围的无生命物体拥有更丰富的$^{12}C$。一些非常古老的岩石恰恰具有这种特征，它们富含$^{12}C$，这表明它们中的一些碳来自灭绝已久的生物。这些岩石的年龄表明生命起源于 37 亿～ 42 亿年前的某个时候。换句话说，生命几乎是在时机成熟的第一时间就出现了。当环境变得足够平静时，分子就可以自组装成像囊泡那样的结构，后者可以在实验室中自发形成并生长和分裂。[75]

总而言之，生命史上的许多事件都是紧随着合适环境的出现而涌现出来的，随着安第斯山脉隆起而出现的羽扇豆的辐射，以及随着东非湖泊形成而出现的慈鲷的辐射，只是其中的两个例子。最早的化学化石表明，生命的起源只是这些事件中最早发生和最具开创性的一个。基于这个事实，再加上大多数创新的多个相互独立的起源，如多细胞生物、哺乳动物的生活方式以及 $C_4$ 光合作用等，我们可以得出这样一个结论：进化很少会在解决生命问题时无计可施。相反，生命往往会在时机成熟之前、在环境为创新的成功做好准备之前就进行创新。这就是我们从草类、哺乳动物和蚂蚁等生物的早期历史中学到的东西，它们要么在漫漫历史长河中默默地创新，要么在属于它们的时代到来之前等待数百万年。在接下来的章节中，我们将把关注的焦点从整个生物体转移到细胞及其分子上，它们将帮助我们理解进化先于时代创造出有用的新事物这种天赋的成因。

## 唤醒创新睡美人
Sleeping Beauties

1. 一种生物的成功指的是数量大幅增加，或者辐射出许多物种，或者两者兼而有之。

2. 生命往往会在时机成熟之前、在环境为创新的成功做好准备之前就进行创新。

# Sleeping Beauties

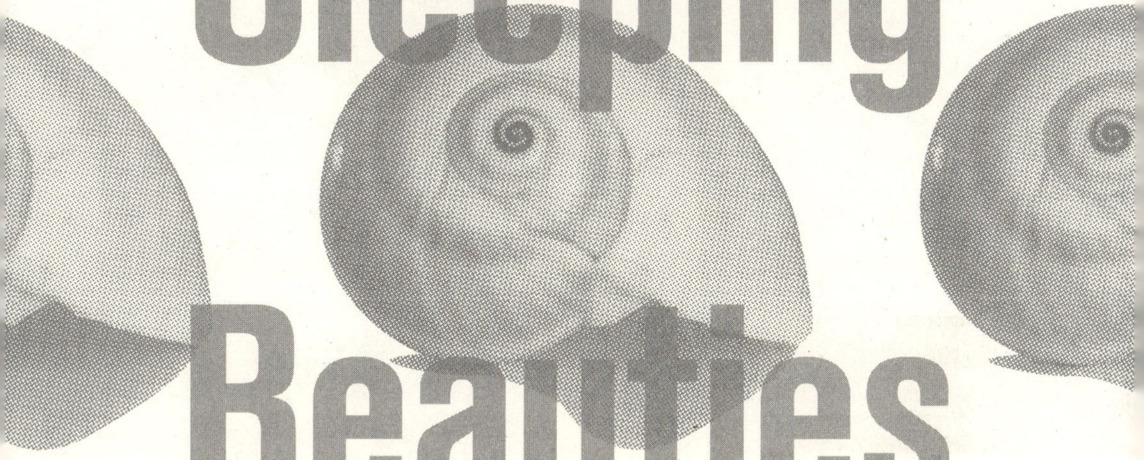

# 第 3 章

## 为什么多数创新都是睡美人

氯酚鞘氨醇杆菌（*Sphingomonas chlorophenolicum*）作为细菌，拥有一种不同寻常的超能力。这种能力非常惊人，足以让这种细菌声名不朽。“氯酚鞘氨醇杆菌”这个名称中的“氯酚”指的是五氯酚（pentachlorophenol），这是一种危险的化学物质，在 20 世纪 30 年代首次被作为杀虫剂出售。然而，五氯酚不仅会杀死害虫，还会对包括人类在内的动物的肾脏、血液和 DNA 造成伤害。不过，五氯酚的毒性并没有吓到氯酚鞘氨醇杆菌。事实上，这种细菌可以靠五氯酚存活。当然，它能做的远不止于此。氯酚鞘氨醇杆菌可以从五氯酚毒素的原子键中提取所需的所有能量。此外，它还可以用五氯酚中的碳原子为细胞内的数十亿个分子构建碳骨架。[1] 氯酚鞘氨醇杆菌已经进化出将毒素转化为食物的非凡能力。

我们在前面的章节中已经讨论过快速进化，比如三刺鱼硬甲的迅速消失和羽扇豆的爆发性辐射，但是氯酚鞘氨醇杆菌出现的速度比这些都要快，在人类首次发现五氯酚后的一个世纪内，氯酚鞘氨醇杆菌就出现了。如果用进化的时间尺度来衡量，这项创新在眨眼之间就出现了。它的出现源自一种人造化学物质对环境的挑战。有意思的是，我们知道为什么进化能如此迅速地应对这一挑战。

与大多数细菌一样，氯酚鞘氨醇杆菌拥有一项非常突出的天赋，即能够将其他细胞的 DNA 整合到自己的基因组中。这个过程通常被称为水平基因转移（horizontal gene transfer），它可以表现为多种形式。[2] 例如，一些细菌可以摄取死亡和破裂的细胞的 DNA。在分子版本的噬尸过程中，细菌摄取的 DNA 通常会被切成小块作为食物，接下来的工作则由专门的蛋白酶来完成。这些酶和其他酶会切割外源 DNA，并修复细胞自身的 DNA，从而保护细胞的基因组。然而，这些酶有时也会出错。它们可能会在不经意间将外源 DNA 插入细菌自身的基因组，如果这个外源 DNA 包含一个或多个基因，这个细菌就获得了制造新的蛋白质的能力，而每一种蛋白质都拥有一项独特的技能，可以在适当的时候派上用场。

细菌获得新 DNA 的另一种方式是通过特定的性行为。这种性行为对我们来说是不寻常的，在细菌中却很常见。当一个细菌从细胞壁上伸出一根名为性纤毛的长长的蛋白质管时，这种性行为就开始了。当这根性纤毛附着在另一个细菌细胞上时，它就变成了一条将 DNA 转移到另一个细胞的管道，然后另一个细胞可以将新的 DNA 文本粘贴到它的基因组中。你可能会认为，这与动物的性行为没有太大区别。在动物的性行为中，阴茎就像性纤毛一样，为生物体之间的 DNA 转移提供帮助。然而，这种相似性只是表面上的，两者之间存在着巨大的差异。细菌转移 DNA 并不是为了繁殖，也不会像人类的精子使卵细胞受精那样转移整个基因组。相反，它们通常只转移带有少数几个基因的短 DNA 片段。

水平基因转移有助于细菌之间交换 DNA，所以细菌的“滥交”行为远比人类或其他动物严重。细菌不仅可以从自己所属的物种中吸收基因，还可以从许多其他物种中吸收基因。它们可以获得与自己的DNA截然不同的DNA，两种DNA的差异之大，不亚于人类的DNA与黑猩猩、鸟类、鳄鱼、蝾螈、鱼类或植物的DNA之间的差异。事实上，细菌一直在做这件事。在我们脚下、在我们身体上、在我们周围的所有事物的表面上，数以万亿计的细菌都在不断地转移DNA，重组、再重组它们的基因组，从而创造出新的基因组合。随着时间的推移，在经过多次转移后，重组的DNA可以迅速增加，数量极其惊人。菌株是同一物种的不同变体，在大肠杆菌这样的细菌中，某些菌株可以容纳多段外源DNA，总共有数十万个字母，每一段DNA都是从别处转移过来的，而且每一段都只存在于某个菌株中。[3]

基因转移非常重要。通过基因转移，一种细菌能够利用其他细菌进化出来的各种技巧来应对生命中的挑战。这是一种“窃取知识”的形式。化学知识编码在基因中并体现在蛋白质上，有了基因转移这种手段后，化学知识就可以用于实现更多目标。通过结合细胞自身的具体知识和从其他生物体那里收集的知识，细菌可以创造新的技能，即有助于自身生存下去的新的化学手段，这个过程用专业术语来说叫重组（recombination）。通过重组两个或多个生物体的DNA，水平基因转移能够创造新的、具体化的化学知识。正是这种重组使氯酚鞘氨醇杆菌可以依赖五氯酚生存，具体方法如下。

为了将五氯酚转化为食物，氯酚鞘氨醇杆菌首先需要将这种毒素转化为一种毒性较小的分子，使之更像一种传统的营养物质。为了达到这个目的，氯酚鞘氨醇杆菌要使用专门的蛋白酶，每一种蛋白酶都编码在一个基因中，而且每一种都由一条独特的氨基酸链组成，因而每一种都能催化一种化学反应。[4]然而，单一的化学反应不足以实现这种转变。这也就是说，这种转变的实现离不开一系列有序进行的化学反应，生物化学家把这些化学反应称为代谢途径（metabolic pathway）。

代谢途径的每一步都有自己的酶和基因。一些基因来自细菌自身的基因组，其他基因则是从不同的生物体转移过来的。换句话说，在水平基因转移的帮助下，细菌自身的化学反应与其他生物体的化学反应能够结合起来，创造出新的代谢途径。细菌的创新并不是凭空制造新的基因，而是旧基因的重新组合，正是这种新的组合（重组）创造了将五氯酚转化为营养物的新途径。[5]

在我们周围的微生物中，水平基因转移不断地创造基因、蛋白质和化学反应的新组合，这就是微生物界充斥着像氯酚鞘氨醇杆菌这样肉眼看不见的创新者的原因。它们还可以抗御人类制造的化学物质对世界的破坏，亚老哥乐（Aroclor）就是其中之一，这是一种强效高毒分子混合物，主要用于电绝缘体和工业流体，直到20世纪70年代，孟山都公司还在销售。

亚老哥乐的主要成分是多氯联苯，它可以模拟激素，破坏我们的免疫系统，甚至致癌。[6]多氯联苯分子释放到水中后会对鱼类产生严重的影响，鱼在接触到这种物质后几秒钟内就会喷血、蜕皮并死去。[7]这种化学物质耐热、耐酸，还对那些旨在破坏它们的药物具有抵抗力，如果没有以它们为食的创新细菌，那么已经流入生物圈的大约10万吨多氯联苯会滞留很长时间。[8]幸运的是，这样的细菌确实存在，而且不止一种，而是有好几种。[9]

此外，进化本身也可以帮助中和多氯联苯这种化学溶剂。[10]进化还有助于消灭滴滴涕（DDT，化学名为双对氯苯基三氯乙烷），这是一种臭名昭著的杀虫剂，它会使美国的国鸟白头海雕的蛋壳变薄并破裂，从而威胁到白头海雕的生存。好在美国在20世纪70年代就全面禁止使用滴滴涕。[11]然而，这种禁令可能收效甚微，除非某种微生物能够以滴滴涕、多氯联苯以及其他用于能源和建筑材料的人造化学物质为食，从而将它们从环境中清除，尽管速度相当慢。

## 进化的艰苦往往发生在无形的世界

这些进化创新走向成功的故事都不为人所知，因为它们没有与那些特别有魅力的生物联系在一起，比如尖顶高耸入云的红杉、安静地潜伏着也威慑力十足的老虎、既苗条又优雅的粉红色火烈鸟等。这让人感到很遗憾，因为大多数进化的艰苦劳动都发生在这个无形的化学世界里。这是进化磨炼成千上万的分子的地方，这些分子使细菌和人类的细胞得以存活。这也是进化创造无数生化途径的地方，这些途径合成新分子或分解其他分子以清除毒素。

当然，这种化学产物并不是以毒素为食的细菌所特有的。自生命诞生之初，它们就一直存在，并渗透到整个生物圈，其种类数不胜数。它们包括复杂的碳氢化合物，这种物质能帮助庞大的群体中的蚂蚁通过触摸彼此的身体来区分朋友和敌人。[12] 它们也包括能够帮助花朵吸引传粉者的色素，色素还能让草地变得五彩缤纷，令我们倍感愉悦。它们还包括各种各样的性信息素，哪怕性信息素只留下细微的痕迹，也会对雄蛾产生不可抗拒的吸引力。[13] 当然，它们也包括复杂的化学武器，比如植物合成并释放的神经递质，可以用来迷惑饥饿的昆虫的大脑，让植物逃过一劫。[14] 此外，它们还包括许多我们珍视的分子，比如能增强能量的咖啡因和缓解疼痛的吗啡。

我们沿着进化历程回溯得越远，离生命的起源越近，这种化学创新就越重要。在生命早期，它们构建了生命的化学基础，即能量代谢。能量代谢是一个复杂的化学反应网络，连接着多种代谢途径，以便从环境中获取能量。最早的化学创新之一是 20 多亿年前由蓝藻发现的光合作用。通过光合作用，这些细菌能够从阳光中获取能量，并释放出氧气，因而使大气中的氧气不断增加。另一项早期的创新是在我们称之为呼吸（respiration）的过程中利用氧气的能力，它是在蓝藻发现光合作用后不久出现的。正如我们已经知道的那样，如果没有这种能力，我们现在所知道的各种复杂的多细胞生命就不可能存在。[15]

在呼吸与今天的氯酚鞘氨醇杆菌之间，生物界还出现过无数能量代谢方面的创新，它们中的每一种都赋予了生命利用一种新的营养物质的能力。有一些营养物质是众所周知的富含能量的分子，比如果糖。其他的营养物质则要神秘得多，如四氧嘧啶、尿苷或肌苷等。在数百万年的时间里，这些创新慢慢积累起来，帮助创造了现今的物种和它们的新陈代谢。每个物种的进化史都是很独特的，可以带来独特的代谢创新。这些物种中有许多都是新陈代谢能力和灵活性所创造的奇迹。

这种新陈代谢能力在大肠杆菌上得到了很好的展示。与氯酚鞘氨醇杆菌和其他许多细菌一样，大肠杆菌可以依靠一种单一的营养分子（如葡萄糖）来满足自身的能量需求。它还能从这种营养物质中提取出所有的碳原子，用来制造它生存和生长所需的分子。[16] 这些必不可少的分子包括构成蛋白质的 20 种氨基酸、构成 DNA 的 4 种基本分子、构成细胞膜的脂质的分子等，总共大约有 60 种基本分子，每一种基本分子在每个大肠杆菌细胞中都有数以百万计的复制品。

与人类相比，大肠杆菌的代谢能力更加突出。我们的身体无法合成 9 种所谓的必需氨基酸，我们需要从饮食中摄取它们。如果我们不这样做，我们就会死去。此外，我们的身体还需要多种维生素，以及许多我们自己无法组装的有机分子。大肠杆菌可以制造所有这些物质。我们认为细菌是简单的生物，但它们的新陈代谢比我们的要强大得多。与它们相比，我们只是“代谢跛子”①。[17]

① 代谢跛子是指那些高度进化但十分脆弱的生物。——编者注

同样重要的是，大肠杆菌能从 70 多种营养物质的分子中组装所有必需的分子，这些营养物质包括糖类（如葡萄糖）、酸类（如醋酸酯）、醇类（如乙醇）等。[18] 这 70 多种营养物质中的每一种都能提供大肠杆菌所需的全部能量。在这个意义上，这种细菌就像一台全能发动机，不仅可以依靠木材、石油、天然气或煤炭运转，还可以依靠从牛奶、龙舌兰酒到厕所清洁剂的任何东西运转。然而，简单地称它为一台发动机其实是贬低了它的能力。如果说人类也有发动机，那么人类的发动机只能创造运动，但是大肠杆菌的发动机能制造自己的零件并自我复制，而且只需利用那 70 多种原材料中的任意一种所包含的能量和碳。

当然，这种惊人的灵活性是有代价的，那就是极高的复杂性。大肠杆菌的代谢反应网络包括了近 1 400 种化学反应，每一种化学反应都要由一种蛋白酶催化，而且每一种化学反应都编码在大肠杆菌的基因组中。[19]

有一些化学反应形成了一些代谢途径，比如五氯酚途径。这些途径按照既定步骤将一个原料分子转化为易于消化的分子。我们可以把这些途径想象成城市道路网络中的小巷或小路，它们可以合并成更宽的街道，换句话说，一系列的反应改变了常见的可消化分子，分裂它们、组合它们或重新排列它们的原子。接着，这些街道又与承载更多分子交通的大路合并。最终，大部分“交通流量”都汇入少数几条拥有多个车道的主干道上，那里发生的化学反应都是最常见的。

代谢途径与道路网络的相似之处还不止于此。单个途径可以划分为两个反应序列，一条大路也可以分出很多条小路。每条小路都通向一个基本分子，这个分子由更小的原子一步一步组装而成。单个途径可以在交叉路口合并，该交叉路口又能产生多个其他途径。

代谢途径和大城市的道路网络一样复杂，而且不会像纽约曼哈顿的街道那样有规律且呈网格状。相反，它的路线图类似于罗马或伦敦等古老城市的道路网络。这样的城市历经数年、数十年或数百年的发展，道路网络一直在变化。许多新的道路加入进来，有些道路被拓宽了，也有一些道路变短了或废弃了。为了调节交通流量，环形交叉路口、减速带和单行道陆续建立起来。这样的修筑工作似乎从来没有停止过，今天一个建筑工地关闭了，明天就可能有三个建筑工地开工。这种描述同样适用于生命的代谢网络。虽然没有推土机、平地机和铺路机的帮助，但代谢网络从形成之初就一直处于建设之中。

作为进化工具，DNA 突变和水平基因转移可以创造新的酶、新的代谢途径和十字路口。它们帮助建立代谢途径，分解新的食物，创造新的有用的分子，或者以新的方式、利用不同的部分构建这些分子。如果一种途径废弃了，那可能是因为它的食物来源已经永久性耗尽了。由于 DNA 突变使其基因失活或将其基因从基因组中完全抹去，这种途径很快就会消失。

## 可计算的创新

与大肠杆菌一样，地球上的每一个细胞都有一个能够重塑自我的代谢网络，无论是细菌细胞还是人类细胞。在这些网络中，有的不如大肠杆菌的代谢网络复杂，有的则复杂得多，无论复杂与否，我们都无法通过显微镜看到它们，哪怕是最强大的显微镜。正因如此，20 世纪的科学家必须通过耗时耗力的生化实验来绘制它们的反应和途径。就大肠杆菌而言，数千位生物化学家花了半个多世纪的时间才绘制出一张近乎完整的地图。他们还绘制出了其他生物体的代谢途径和反应。他们掌握了大量的代谢知识，最终引发了一场信息革命。这场革命让代谢生物化学进入了大数据时代。

就像显微镜在 17 世纪改变了生物学一样，计算机在 21 世纪正在彻底改变生物学。在计算机的帮助下，我们进入了一个看不见的世界，这个世界对计算机来说无比清晰，就像路线图对我们来说一样。计算机在代谢分析中特别有用，它们能够处理由数千位生物化学家收集的代谢信息，并将其与 DNA 测序仪的分析结果结合起来。DNA 测序仪可以在一夜之间读取整个基因组中的数百万个 DNA 字母。通过这种方法，计算机可以自动组装出以前没有研究过的生物体的近乎完整的代谢路线图。计算机能做的远不止于此，还可以告诉我们一个代谢网络有什么功能，它的能量来源是什么，它可以合成什么分子，以及它可以支持多少分子的活动，等等。

要想理解这种计算所用的算法背后的原理，其实并不难。算法需要生物体所处的化学环境的信息，包括所有可用的食物分子。它还需要关于生物体内的酶和这些酶所能催化的化学反应的信息。有了这些信息，算法就可以告诉我们酶能够从可用的食物中产生哪些新分子。如果生物体拥有合适的酶，那么这些新分子中的一部分就可以相互反应。这些反应又会产生更多的分子，这些分子又可以相互反应，于是，一波又一波的新分子形成了。计算机可以计算出每一波新分子的数量，还能够确定生命的基本组成部分是否都在这些分子中。如果这些分子中包括了生命的基本组成部分，我们就知道这种生物可以依靠现有的食物生存。

算法背后的原理就是这么简单。当然，要实现它会更复杂一些。此外，算法还可以给我们提供更多的信息。例如，它可以告诉我们生物体可以制造多少基本分子，以及生物体制造这些分子的速度有多快。换句话说，它可以告诉我们生物体生长和分裂的速度。

相比之下，我们的实验技术非常落后。虽然在实验中，一次可以测量几百个分子的浓度，但是仅凭这些信息根本无法绘制出细胞中所有分子的交通路线图。不过，实验可以在其他方面给我们提供一些帮助。例如，它们可以帮助我们了解计算机算法的性能。许多实验都能做到这一点，其中之一是利用基因工程使一种特定的酶发生突变并使其失活。这种被敲除的酶无法再发挥作用，即无法催化特定的化学反应。这样的实验能够有效地制造出代谢障碍。如果一条设置了路障的道路承载的交通流量很少，那么简单地绕一下道就可以解决问题，新陈代谢不会受到干扰，细胞也会继续快速生长。如果设置的路障影响了网络中其他地方的交通流量，那么就会减缓一个细胞的生长速度。如果路障切断了主干道，就会杀死细胞。在设置了这样的路障后，研究人员就可以测量细胞的生长速度是变慢了还是根本没有变化。

研究人员用很多种酶重复了这个实验：先敲除一种酶，然后测量细胞的生长速度受到的影响，最后将测量结果与计算机的预测结果进行比较。他们发现，计算机做得非常好，它的预测与 90% 的设置路障实验的结果一致，考虑到新陈代谢的复杂性，这可不是一个小成就。[20] 当计算机的预测与实验结果不一致时，这种错误往往缘于我们对代谢路线图不够了解。

世界各地的研究人员经常没有多加考虑便使用计算机进行这样的计算，我在苏黎世大学的实验室的研究团队也不例外。我们也很少考虑到，它们是自达尔文的《物种起源》出版以来最伟大的生物学成就之一。达尔文的进化论的核心概念之一是适应度（fitness）。我们说一种生物在某个环境中是适合的，即适应那个环境，实质上是说它在那个环境中是可存活的。也就是说，它必须能够生存下来。对达尔文和他之后的许多研究人员来说，生物的生存能力很难测量，往往只能通过难度很大的实验。如今，有了这种新型计算工具之后，我们可以直接将生物的生存能力计算出来，至少对微生物来说是这样。更重要的是，利用基本的化学原理，根据代谢网络中发生的化学反应，计算机只需几秒钟的时间就可以计算出来。

我们还可以利用计算机开展更多研究。例如，我们可以研究是否可以通过调整单个途径来促进细胞的生长，提高其适应度，比如拓宽途径或移动交叉路口，从而使交通更顺畅，有效减少拥堵。此外，我们还可以探索哪些代谢创新（新的反应和途径）可以让新陈代谢依靠新的食物运转，或者产生新的、有用的分子。

我在前文已经提到过我们可以开展这些研究的原因，即生物化学家不仅研究了大肠杆菌的代谢，还研究了多种其他生物体的代谢，其中大多数都配备了在大肠杆菌和其他地方都找不到的独特的酶。得益于他们的努力，我们现在知道代谢反应大约有 1 万种，每一种反应都发生在生物圈的某个地方的某个生物体中，而且每一种反应都被编码在基因中，等待着与其他基因重新组合以产生代谢创新。所有这些反应都保存在“京都基因和基因组百科全书”（Kyoto Encyclopedia of Genes and Genomes）这样的公共数据库中，任何人都可以随时下载。[21] 我们可以通过计算机将这些反应组合起来再重组，就像大自然通过水平基因转移所做的那样，从而探索不同的代谢途径，直到找到一条能够帮助细胞消化新食物或构建新分子的途径。创新也变成可计算的了，这在历史上是第一次。

我们还可以做一些更“极端”的事情。我们可以让计算机从零开始设计一种新陈代谢，只须指定这种新陈代谢可以使用的营养物质和必须产生的分子。计算机的任务是建立一个化学网络，用我们指定的营养物质制造出这些产品，这个网络只能使用生物圈中存在的化学反应和途径。

2009 年，我带领的研究小组率先着手开发一种可以完成这项任务的计算机算法。这种算法能够修改已知的代谢途径，或者添加生物圈中已经存在的反应，或者删除反应，并在这些路障周围重新为代谢网络指定路径。它的工作原理有点像水平基因转移，但是更激进，通过成千上万个小步骤来改变新陈代谢的途径。通过这种方式，该算法探索了消化食物、产生能量和组装分子的无数种新方法，直到一种能完成我们需要它做的工作的新陈代谢被创造出来。[22]

我们首先应用这种算法来创造一种新陈代谢，这种新陈代谢具有像大肠杆菌那样的能力，即消化相似的食物，产生相同的分子。这是一个试验，我并没有抱太大期望，只是认为它也许能够设计出一种与大肠杆菌的新陈代谢非常相似的新陈代谢。最终结果让我大为惊喜。计算机算法构建的新陈代谢并不像大肠杆菌的新陈代谢，两者的大多数反应和途径都不一样，尽管从化学能力上看是相似的。更重要的是，当我们再次运行这种算法时，它设计出了另一种新陈代谢，既不像第一次设计的新陈代谢，也不像大肠杆菌的新陈代谢。接着，我们又进行了第三次、第四次、第五次实验，一遍又一遍，做了几百次。在每一次实验中，算法都设计出了不同于其他任何一次的新陈代谢，最多只共享几个反应。

实验结果清楚地表明，许多不同的新陈代谢被赋予了相同的能力。我们当然想知道到底有多少种这样的新陈代谢。然而，当我们试图计算它们的数量时，我们失败了。我们很快就找到了失败的原因：这种新陈代谢的数量过于庞大，即便进化再持续 40 亿年，也无法产生所有这种新陈代谢。它们的数量比银河系中恒星的数量还要多，甚至比宇宙中氢原子的数量还要多。这是一个天文数字，一般人很难理解。[23]

这意味着，像大肠杆菌这样的新陈代谢非常灵活的物种背后隐藏着一个更深层的真相：生命的化学本身就是高度灵活的，正是这种灵活性使新陈代谢变得非常灵活。这种灵活性赋予生命不同的方式来消化食物、提取能量和构建新的分子。这些方式是如此之多，其总数实在难以想象。值得注意的是，这种灵活性不只是计算机的预测，实地研究新陈代谢的研究人员也不断发现新的代谢途径，尤其是细菌的代谢途径。生物体在了解和组装相同的分子方面的聪明才智似乎是无穷无尽的。[24] 我在作品《适者降临》（*Arrival of the Fittest*）① 中解释了这种灵活性对进化的深远影响。我在此再次提及它，是因为它让我找到了一个全新的、出乎我意料的代谢创新来源。2012 年，我和我的博士生阿迪蒂亚·巴夫（Aditya Barve）一起发现了这一点，当时我让他创造一种由计算机设计的全新的新陈代谢。我们想要的新陈代谢不是像大肠杆菌那样需要依靠几十种营养物质，而是只需要依靠很简单的东西。我们想要一种只依赖单一营养物质的新陈代谢，这种营养物质是碳和能量的唯一来源，除此之外不需要其他营养物质。

我们设计的算法努力创造了这样一种新陈代谢，但是当我们通过实验去检验它时，有些事情似乎与我们预想的不太一样。毋庸置疑，这种新陈代谢只依赖葡萄糖是可行的，不仅如此，它只依赖其他 5 种营养物质中的任何一种也是可行的，其中包括麦芽糖、果糖和乳糖等常见糖类。因此，代谢化学给了我们比我们当初要求的更多的东西。[25]

我们怀疑这只是侥幸，因此又运行了一次算法，结果它发现了另一种只依赖葡萄糖就可行的新陈代谢，不过组成的分子与第一种代谢不同。这

① 该书在颠覆主流的达尔文进化论的同时，深刻揭示了自然界的进化智慧，阐释了现代技术视角下的进化动力和起源。其中文简体字版已由湛庐引进、浙江教育出版社出版。——编者注

种代谢在只依赖其他营养物质时也是可行的。我们一遍又一遍地运行这个算法，重复了数百次，每次都能得到一种在只依赖葡萄糖或其他营养物质时可行的代谢。在每一种代谢中，除了葡萄糖，其他可用的营养物质的种类为 1 ～ 20 种，汇总起来就是 45 种新的食物。每一种新的食物都能维持生命，每一种都是在新陈代谢中出现的，尽管我们所要求的是仅靠一种食物就能维持运转的新陈代谢。[26]

我们不知道为什么会出现这种情况。其他研究人员在实验室实验中也发现了类似的情况。他们希望培育出能够生产更好的生物燃料的细菌，采用的实验方法是让细菌在木糖上生长并繁殖许多代。这种糖广泛存在于生物燃料的原料中，但是许多细菌在木糖上生长得并不好，而且从木糖中产生的生物燃料很少。研究人员的想法是迫使细菌在木糖上生长很长一段时间，这样它们就会进化出更有效地利用木糖的方法。实验获得了成功，那些细菌熟练掌握了从木糖中高效提取能量和碳的方法。出人意料的是，进化后的细菌也能在另一种叫作阿拉伯糖的糖上存活，尽管实验环境并不含这种糖，这才是真正令人惊讶的发现！[27] 它们进化出了一种新技能，尽管这种技能在这项实验中是没有用的。只有当环境中出现了阿拉伯糖，这种技能才会变得有价值。如果阿拉伯糖是环境中唯一的食物来源，那么这种技能就能拯救生命。

在这两项实验中，进化的结果是依赖一种食物的新陈代谢也可以依赖其他食物，新陈代谢提供了完全免费的创新。为什么会这样呢？个中缘由究竟为何？我们困惑了一段时间，后来终于找到了一个非常简单的答案。我们可以用交通来做类比以解释这一点。如果你在城外的未开发土地上建了一幢房子，你可能不得不修建一条道路，将你的房子与这座城市的道路网络连接起来。你的一些邻居的房子可能紧邻这条路，如果他们还没有修建道路，那么他们将会从你修建的道路中获益，因为这条路也会将他们的房子与这座城市连接起来。

就像你修建的道路在接入城市道路之前要经过你邻居的房子一样，在与新陈代谢的其余部分合并之前，一种新的生化途径会将食物转化为一系列其他分子。当食物耗尽时，这种途径上的每个分子都可以替代它，就像你的邻居都可以使用你修建的那条连接着城市的道路一样。

出于同样的原因，那些被设计出来以执行相同任务的新陈代谢可以免费为我们提供不同类型的创新，就像连接你的房子与城市的道路可以用不同的方式修建、经过不同的邻居，并将他们的房子与城市连接起来。[28]

在筛选代谢数据时，我们还发现了一些很有用的东西。科学家经常抱怨细胞、器官和身体的内部结构过于复杂，这会让相关的研究变得更加困难。然而，我们注意到，它们复杂的内部结构对代谢创新很有帮助。我们是在用计算机算法设计新陈代谢的过程中了解到这一点的，不同的新陈代谢执行着相同的任务，但是化学反应的数量不同，要么比大肠杆菌的代谢网络包含的化学反应多，要么比大肠杆菌的少，这可以用一个有点复杂的道路网络来类比。化学反应的数量越多，自由创新的数量就越多。[29] 原因不难理解。一个代谢过程中的化学反应越多，这些反应形成的途径就越多，代谢网络中各部分之间的联系也就越紧密。就像与城市连接起来的房子的数量会随着道路数量的增加而增加一样，维持生命的分子的数量也会随着代谢途径的增加而增加。[30]

所有这些自由创新的来源都是一样的：生命的化学反应被组织成分叉、合并和相互连接的途径，其中一些新的连接可以创造很多新技能，就像一个道路网络不仅为它的使用者服务，也为其他许多人服务。

## 休眠，直到合适环境的出现

网络化代谢的这些好处不是某个物种独享的，整个微生物群落也可以共享。微生物学家将这样的群落称为“聚生体”（consortium），这个名称本身就很能说明问题。一群人或几家企业可以合作完成一项任务，一个微生物聚生体也是如此。在微生物界，为了生存和生长，微生物聚生体的任务通常是最大限度地从环境中获取资源。[31] 微生物聚生体与科学家有一个共同的目标：清理某些化工企业对环境造成的污染。

我们已经了解到，单个细菌就可以清除五氯酚等毒素，整个细菌聚生体则可以做得更好。在这样的细菌聚生体中，第一个物种的酶可能在中和毒素的某些化学反应中表现出色，它们生产的酶能够非常有效地处理这些反应，但是只完成了部分工作。第二个物种接手第一个物种未完成的工作，完成接下来的化学反应步骤。第二个物种完成自己的工作后，又将接力棒传给第三个物种，以此类推。最后，当最终目标达成时，毒素产生了所有有用的原子材料，并在这一过程中变成完全无害的物质。当有毒废物由多种化学物质组成时，例如油轮或钻井平台发生原油泄漏事故时，细菌聚生体就能发挥作用。[32]

细菌聚生体不仅在实践中很有用，还可以帮助我们更好地理解进化。例如，它们为多细胞生命的进化提供了另一种可能。我在前文提到了多细胞生物的一个优势，即它们体型巨大，对潜在的捕食者来说，这意味着很难抓住并吃掉它们。我们现在知道，这并不是多细胞生物的唯一优势。它们的另一个优势是拥有将生存的许多任务分配给不同细胞的能力，即让每种细胞执行一项任务，这样它会比其他细胞表现得更好。这种专业化和劳动分工是复杂生物体的标志。然而，第一个发现这一点的并不是多细胞生物。早在它们之前且独立于它们之外，一些细菌就在偶然之间进化成了简单形式的、会进行劳动分工的多细胞生物，而且多次完成了这一创新。[33] 这些进行创新的细菌中就有蓝藻的身影。蓝藻因发现了如何从阳光中获取能量而闻名，在这个过程中，它们会产生氧气。这个发现具有革命性的意义，但是也带来了一个重大的新问题。这个问题与氮有关，解决方法之一是利用多细胞性。

生命离不开氮，就像离不开碳一样。相对来说，氮比碳更稀缺，这种稀缺性阻碍了生命的繁荣。在同一片土地上年复一年地种植作物，作物会不断吸收土壤中的氮，当土壤中的氮被耗尽后，作物也会变得矮小，长出病态的叶子，结的种子或果实也很少。只有当氮得到补充时，情况才会改善。在地球上，唯一一个氮元素非常丰富的地方是大气层，氮含量接近80%。然而，这种形式的氮在化学上非常稳定，基本上没法被利用。到了20 世纪，人类才找到了利用大气中的氮的方法，即通过一种名为哈伯 - 博施法（Haber-Bosch process）的化学过程将它转化为更有用的铵。人们利用这个过程生产出了氮肥，彻底改变了农业的面貌。然而，工业生产氮肥需要高压、超过 400℃的极端温度，以及一个不适合生命生存的化学环境。因此，工业化生产的氮肥只能来自人类的聪明才智，而不是进化。

蓝藻找到了一种更环保的解决方案，但也要付出相应的代价。蓝藻能够产生固氮酶（nitrogenase），这种酶可以直接将氮气转化为可利用的氨，但是存在一个问题：固氮酶对氧气极其敏感，即便是微量的氧气也会使它“中毒”并丧失活性。考虑到氧气是光合作用产生的主要废物，这不是一个小问题。

蓝藻面临着一个艰难的选择：要么获取光能但缺乏氮，要么缺乏光能但获得氮。这确实是一个非常棘手的问题，不过，一些蓝藻找到了巧妙的解决方法。它们能够构建一种细长的、由多个细胞组成的蓝绿色细丝，这些细胞中的大多数利用光来产生能量和碳水化合物，与此同时，少数细胞专门利用氮气制造氨肥。为了保护高度敏感的固氮酶，这部分细胞不再产生氧气。不仅如此，它们还把自己包裹在近乎密闭的细胞壁中，以避免吸入氧气。[34]

这些生物不仅呈现出最简单的多细胞结构，即只有两种类型的细胞，还提供了共享型劳动的教科书式范例：生产肥料的细胞为进行光合作用的细胞提供氨，作为回报，它们从后者那里获得了富含能量的碳水化合物。

这种形式的“共生”需要数千年的进化才能实现。或者，真的能进化出来吗？很多科学家都想知道这个问题的答案，埃里克·利比（Eric Libby）就是其中之一。利比是一个健谈、活泼的休斯敦人，他的笑声震天响，而且他自己就是适应能力极强的典范。为了追求自己的职业理想，他从闷热的美国休斯敦来到瑞典北部寒冷的小城于默奥。在那里，他研究的课题是亚热带生物在面临亚北极地区的挑战时如何生存。

我第一次见到利比是在圣塔菲研究所（Santa Fe Institute），当时他在那里开展研究，我了解到他对多细胞生命的起源非常感兴趣。该研究所位于美国新墨西哥州，致力于研究复杂系统。每一年，这个研究所都会接待数百位来自不同学科的科学家，他们会在这里待上一段时间，从几天到几年不等。在超过 25 年的时间里，我每年都会前往圣塔菲研究所，遇到了许多像利比这样的科学家，并与他们交流思想。他们的知识与我所掌握的知识相结合——这也是一种重组，激发出了许多新的想法，正是这些想法帮助我写出了许多像本书这样的论著。有的想法会在我的脑海中盘桓几天或几个星期，其中一个想法促成了我与利比的合作。

利比想知道的是，将生物体塑造成蓝藻或者嗜油聚生体中的微生物那样的共生体有多难。事实上，他已经有了一个大胆的猜想。这种共生有没有可能完全不需要进化？许多物种会不会在第一次相遇之前就为这种共生做好了准备？

利比也意识到这个猜想存在一个很大的问题，即我们无法通过实验来验证它。若想通过实验来验证这个猜想，我们必须选择两个物种，并在实验室中创造出这两个物种都无法独自生存的环境。接着，我们要把这两个物种放入这种环境中，观察它们能否共同生存。这个实验本身并不难，难的是如何确定被选中的两个物种从未生活在一起过，实际上，这根本不可能做到。我们怎么知道，在它们长达数百万年的进化史上，它们从未在地球上的某个地方共存过呢？也许它们早就进化出了合作的能力，然后把这种能力带进了我们在实验室中创造的环境呢？

我们不知道答案，也不可能知道，这就是问题所在。我们所能了解的，大部分都是关于现存生物的知识，而且我们不能肯定地排除一个物种漫长的进化史对我们观察到的情况的影响。幸运的是，我们还有一种选择，即我们可以研究还没有开始进化的新陈代谢。这就是我们设计的新陈代谢能够发挥作用的地方。这些化学反应网络可以从普通的营养物质中合成构成生命的分子，这些分子没有经历数百万年的进化，它们是我们利用积累的关于生命绿色化学的知识从零开始组装起来的。

为了回答利比提出的问题，我们设计并创造了数千种新陈代谢，并让它们在依赖碳和能源的某些来源时可行，而在依赖碳和能源的另一些来源时不可行。它们中的许多会产生废物，比如光合作用中的氧气，或者类似于一个聚生体的某个成员留下的未完全消化的毒素。接着，我们随机选择其中两种新陈代谢，并在电脑中给它们配对，从而创建一个简单的只有两种新陈代谢的聚生体，并允许一种新陈代谢的废物可以为另一种新陈代谢所用，就像在大自然中那样。最后，我们计算这个聚生体能否在其成员无法独自生存的地方生存下来，能否在其单个成员无法生产所有必需分子的地方进行生产。我们成功创建了符合这些要求的聚生体，不是一个，而是成千上万个，每一个都是随机匹配的，每一个都能应对在新环境中生存所面临的挑战。

如此一来，我们就能回答利比的问题了。[35] 一个典型的聚生体确实可以在它的成员无法生存的地方生存下来。它不仅可以在新的环境中生存，而且可以在多种新环境中生存，其成员独自在这些环境中则可能会死去。最重要的是，这种新的联合技能是自发出现的，不需要经过进化。

当我们对最具创新性的那个聚生体进行更深入的研究时，我们发现了与代谢复杂性有关的另一个事实：一个聚生体的新陈代谢越复杂，即它的化学反应的数量越多，它赖以生存的新食物的种类就越多。从事后的角度来看，原因显而易见：一种新陈代谢的化学反应越多，它将代谢废物转化为有用分子的机会就越多。

生命的化学反应极其灵活，一个细胞废弃的分子常常可以帮助另一个细胞生存下去。这样的分子可以将两个细胞的化学技能结合起来，从而将它们的能力提升到一个新的水平。这就好比两个工匠在自己的作坊里辛苦劳作，各自掌握了一定的技能，各自生产自己的产品，都很难谋生。如果两人的技能结合在一起，他们就能创造出新的东西，并以此为生。例如，一个工匠懂得如何制造钢刀片，另一个工匠懂得如何制作螺丝，他们合作就可以制造出剪刀，因为剪刀就是用枢轴连接起的两个刀片。又如，一家企业生产砾石，另一家企业生产石灰，两家企业合作就可以生产混凝土。这种协作能力构成了生命的化学基础。

那些帮助单个物种进行创新的化学反应也很灵活，聚生体也能从中受益。无论生物是单独行动还是共同行动，生命都为它们提供了自由创新的工具，它们可以自发地创造出新的、有用的东西，所有这些都只是新陈代谢网络化的化学结果。换句话说，新陈代谢蕴藏着巨大的创新潜力，在生物体需要这些创新之前，这些创新就出现了。这些创新大都是“睡美人”。它们一直处于休眠状态，直到合适的环境出现，在这个含有新的化学物质的环境里，它们将变得很重要，甚至可能是生存所必需的。正是在这个时候，自然选择开始发挥作用，即改善和重塑新的代谢网络，直到它们能够承载最大的交通流量。我们将在接下来的章节中看到，在这个网络的表面之下，在单个蛋白质的层面上，另一种创新的力量在发挥作用，它也是肉眼看不见的，但同样强大。

## 唤醒创新睡美人
### Sleeping Beauties

1. 新陈代谢蕴藏着巨大的创新潜力，在生物体需要这些创新之前，它们就出现了。这些创新大都是“睡美人”。它们一直处于休眠状态，直到合适的环境出现，在这个含有新的化学物质的环境里，它们将变得很重要，甚至可能是生存所必需的。

2. 细菌的创新并不是凭空制造新的基因，而是旧基因的重新组合。

3. 所有自由创新的来源都是一样的：生命的化学反应被组织成分叉、合并和相互连接的途径，其中一些新的连接可以创造很多新技能，就像一个道路网络不仅为它的使用者服务，也为其他许多人服务。

# Sleeping Beauties

第 4 章

# 保持休眠，等待觉醒的时刻

2008 年，当一架军用直升机飞越委内瑞拉南部的偏远丛林时，机组人员发现了一个与世隔绝的村庄，这引出了一项惊人的医学发现。[1] 这是一个亚诺玛米（Yanomami）村庄。亚诺玛米人是一个大约有 3.5 万人口的美洲印第安部落，分散居住在巴西北部和委内瑞拉南部丛林中的 200 多个村庄。他们是为数不多的土著之一，以种植、狩猎和采集为生，在接触到现代文明之后，他们的生活方式并没有消失。这种接触往往是灾难性的，例如，当采金者进入亚诺玛米人的领地时，他们带来了致命的疾病，如麻疹和疟疾。[2] 2008 年发现的这个村庄处于与世隔绝状态，没有遭受过这样的灾难。

虽然亚诺玛米人与现代文明接触可能是危险的，但是这也可以改善他们的生活。根据巴西政府的估计，只要提供基本的卫生保健和疫苗接种服务，就可以让亚诺玛米人的死亡率降低至少 70%。这就是当地政府向各个亚诺玛米村庄派遣医疗小组的原因。2009 年，当一个医疗小组第一次进入新发现的那个亚诺玛米村庄时，科学家对村民的粪便和皮肤进行了采样。这是了解寄居在人体中的细菌群落如何影响人体健康的方法之一。这不是一件小事，毕竟我们身上的细菌比我们的细胞还要多。[3]这些细菌也被称为微生物组（microbiome），它们中的一部分是有益的，能够帮助我们消化食物、抵御疾病、控制体重。不过，有一些细菌会让我们生病。更可怕的是，一些有害细菌拥有一种致命的才能，即能够对抗医生用来控制它们的抗生素。在这个世界上，一次小小的擦伤就可能导致一个孩子死于败血症，无数妇女在分娩后死于感染，死于伤病的士兵比在敌人的炮火下牺牲的士兵还多。

现代抗生素刚出现时是一种神奇的药物，但是到了 1945 年，即第一种现代抗生素青霉素问世仅仅 8 年之后，对它产生耐药性的细菌就在世界范围内传播开来。[4]青霉素耐药性只是一场持续至今的军备竞赛的开端，而且我们并没有赢得这场竞赛。在研究人员发现一种新的抗生素，以及医生开始开具处方后不久，对这种抗生素有耐药性的细菌就会出现。它们掀起了一波又一波迅速蔓延到世界各地的耐药性浪潮。

现在，耐抗生素的细菌每年会夺去 100 多万人的生命。[5]正因为如此多的生命受到耐抗生素的细菌的威胁，我们迫切需要解决这个问题。要想找到解决方案，我们必须先弄清一些基本问题。我们需要了解抗生素耐药性是如何产生的，以及它是如何迅速传播的。这些就是像我这样的研究人员所探究的问题。现在，我们已经知道了一些问题的答案。抗生素耐药性的传播是由不断进行的基因交换和改组（水平基因转移）所推动的，细菌利用这种基因交换和改组来改善它们的生活。当下极为便捷的旅行加速了这一进程，人们及其身上的耐抗生素的细菌可以在短短几天内到达地球上最偏远的地方。

有人据此猜测，如果与现代文明隔离开来，应该可以防止抗生素耐药性，就像那个与世隔绝的亚诺玛米村庄的居民那样。有人据此猜想，那些从未与外界接触的亚诺玛米人从未服用过抗生素，也没有与服用过抗生素的人接触，所以他们的微生物组应该不会对现代抗生素产生耐药性。

不幸的是，事实远非如此。2009 年，科学家对那些亚诺玛米人的粪便和皮肤进行采样后的结果表明，它们含有细菌，这些细菌的基因赋予了他们对 8 种抗生素的耐药性。这 8 种抗生素不仅包括像青霉素这样的第一代抗生素，还包括最近开发出来的、作为对抗耐药细菌的最后手段的抗生素。[6] 这些亚诺玛米人可能没有接触过外面的人，但是他们肯定接触过耐抗生素的细菌。

或许，这些细菌是通过亚诺玛米人与外界的间接接触进入这个村庄的？毕竟，村民们确实与其他接触过现代文明的亚诺玛米人交换过箭、砍刀和衣服等物品。[7] 或者，耐抗生素的细菌是乘着风、搭着雨来到这个村庄的？毕竟，风雨确实可以将细菌运送到各个大陆。[8] 这些因素能解释他们对抗生素的耐药性吗？

也许吧，但是这个谜团并没有就此解开。随着其他抗生素耐药性案例的发现，在离文明社会更远的地方，这种情况更加严重。例如，地下深处的沉积物上的细菌也具有抗生素耐药性。2009 年，在南卡罗来纳州和华盛顿州钻出的 170 米深的钻孔中，科学家发现了这些沉积物。这些沉积物上居住着细菌，当科学家试图用 13 种抗生素杀死这些细菌时，他们发现 86% 的细菌至少对一种抗生素有耐药性，超过 60% 的细菌对不止一种抗生素有耐药性，有些细菌甚至对多达 10 种抗生素有耐药性。[9]

在离地球表面更远的地方，有一种细菌生活在太平洋底部，距离海平面 1 000 多米。它拥有一种特殊的基因，该基因对 4 种抗生素都有耐药性，其中包括青霉素。[10]

有些细菌在空间上和时间上都从人类社会中消失了。它们消失得太早，我们只有通过它们遗留下来的 DNA 才能检测到它们。例如，加拿大北部育空地区有一片有 3 万年历史的冻土，科学家在那里发现了一种已经死亡的细菌。在这些永久冻结的沉积物中，在地下几米的严寒之地，古代细菌的 DNA 与猛犸象等已经灭绝的哺乳动物的 DNA 共存。当科学家研究这些古老细菌的 DNA 时，他们发现它能帮助细菌抵抗多种抗生素。[11]

雷修古拉洞穴（Lechuguilla Cave）位于美国新墨西哥州南部卡尔斯巴德洞穴国家公园，它在很长一段时间里都与世隔绝。洞穴是岩石遭到侵蚀后形成的，但不是雨水和地表河流的侵蚀，而是从地壳深处冒出来的硫酸的侵蚀。由于独特的地质结构，这个洞穴已经与地表隔绝了大约 400 万年。尽管如此，洞穴中的微生物仍然能够很好地抵御抗生素，其中 70% 的细菌对 3 种及以上的抗生素有耐药性，有一种细菌对多达 14 种抗生素有耐药性。[12]

当微生物在与地球表面完全隔离的环境中生活了 100 万年，或者当它们被深埋在地下时，我们总能排除它们直接或间接接触过现代文明的可能性了吧。亚诺玛米人携带的耐抗生素的细菌或许来自与现代文明的间接接触，但是这些微生物不可能是通过风或雨水从医院或患者身上传播过来的。对于这些微生物，我们只能得出这样一个结论：在很久以前，肯定在抗生素问世之前，甚至有可能在人类诞生之前，它们就对抗生素有耐药性。

这个结论看上去似乎完全无法解释，除非你知道许多抗生素本来就是天然分子，其中就包括青霉素的原型。亚历山大·弗莱明（Alexander

Fleming）最重要的发现就是青霉素。当时，一种能够产生青霉素的真菌在细菌培养物中过度生长，弗莱明便用这种“化学武器”杀死了细菌。真菌能够产生一些天然抗生素，细菌也能够产生许多天然抗生素。[13] 细菌和真菌都会在“生化战争”中使用抗生素来对付它们的天敌。[14] 这种战争在微生物中广泛存在，正如在其他生物中一样，后者包括我们在第 1 章中讨论过的产胶植物。这样的战争引发了军备竞赛，落败的一方会发展出新的进攻技巧，比如植食昆虫学会了切断植物的乳胶管。同样，致命的抗生素的进化会迫使细菌进化出超强的耐药性。**抗生素“生产商”和耐药性之间的进化军备竞赛已经持续了数亿年，人类只是携带着自己发现的抗生素加入了这场激烈的竞赛，而且是最新加入的一个物种。**

一些抗生素的自然起源并不能解释所有早已存在的抗生素耐药性，原因是有些抗生素并不是天然的，而是人造的。半合成抗生素就是其中之一，这是一种经过化学改造的天然分子，可以骗过细菌的防御。人造抗生素还包括研究人员在实验室里发明和制造的全合成抗生素。值得注意的是，一些细菌对这两类抗生素都有耐药性，比如来自未与现代文明接触过的亚诺玛米人和地下沉积物的细菌。这些合成抗生素还引出了一个令人惊讶的结论：细菌必定拥有一种休眠的潜力，以对抗它们可能在数千年里、数百万年里甚至永远不会遇到的分子。

这似乎过于荒谬了，简直无法解释。难道进化真的具有如此强大的洞察力，能够预见到人类会发现、合成和使用非天然抗生素吗？进化是否真的能让细菌对抗可能永远不会被人类发现的抗生素？这种可能性让我们想起刘易斯·卡罗尔的小说《爱丽丝镜中奇遇记》中的一个角色——白骑士。白骑士从红骑士手中救出了女主人公爱丽丝，然后向她描述了自己发明的许多东西。有一项发明是一只箱子，箱子颠倒着挂，箱盖悬开着，白骑士说这样可以防止雨水进入箱子。另一项发明是一个装置，白骑士说可以在老鼠出现在他的马背上时用它捉住老鼠。

> “你要知道，”他停顿了一会儿，接着说道，“最好凡事都做好准备，以应对各种情况。这就是我的马要戴脚镯的原因。”
>
> “它们有什么用处呢？”爱丽丝好奇地问。
>
> “防止鲨鱼来咬我的马，”骑士回答，“这是我自己的发明。”[15]

就像大多数马不会遇到鲨鱼一样，大多数细菌也永远不会遇到它们所要对抗的合成药物，它们的防御潜力处于休眠状态。只有当人类发明了这些药物并用它们对付细菌时，这种潜力才会被唤醒。我们很难想象进化会有这种先见之明，让细菌做好应对各种不测的准备。

对于这个谜团，确实有一种解开它的方法，而且这种方法很简单，不需要先见之明。为了理解这种方法，我们需要回过头去讨论组成生命的重要分子，即被称为蛋白质的氨基酸长链。蛋白质不仅承担着维持生命所需的大部分工作，还管理着抗生素耐药性。

## 进化可以迅速创造拥有休眠才能的生物体

我在前文提到过，许多蛋白质会自组装，即折叠成复杂的三维形状。它们的氨基酸链不断受到周围无数其他分子的挤压，并在受到挤压后反弹回来。这种碰撞是由分子振动引起的，我们称之为热力。这种分子振动是蛋白质折叠的动力来源。在蛋白质的三维形状（也称为折叠）中，氨基酸链上原本相距较远的一些组成部分会相互靠近，就像一卷羊毛那样，最终同一条链的不同组成部分会彼此相邻。它们会聚在一起，是因为有一种化学力量吸引邻近的氨基酸相互靠近。不同氨基酸链的蛋白质会折叠成不同的形状，这些形状可以解释不同的蛋白质所拥有的不同的独特技能。

我在前文没有提到的是，蛋白质链永远不会停止运动，即便它们折叠成复杂的三维形状之后亦然。虽然它们的形状是因附近的氨基酸之间的化学吸引力才得以保持，但是它们会持续受到热振动的挤压，因而不停地摆动、抖动和振动。对大多数蛋白质来说，这些运动是影响其功能的关键因素，这些蛋白质中包括数千种酶，这些酶催化（加速）了地球上所有生命所需的化学反应，其中一些酶通过切割和破坏抗生素来保护生物体。

为了更好地理解分子运动是如何使酶的催化魔力发挥作用的，我们可以思考一下酶切割抗生素或其他分子时会发生什么。抗生素首先需要附着在酶上，它是在一个被称为结合口袋（binding pocket）的地方附着上去的。这个口袋附近的氨基酸形成了一种结构，有点像抗生素的负片或铸型。抗生素刚好进得去这个口袋，就像手可以放进手套一样。手部的肌肉可以帮助手进入手套，大多数分子却无法自己移动。它们会移动，只是因为其他分子反弹到了它们身上，即热力的作用。当一个抗生素分子在细胞内反弹时，它可能会在不同的地方撞到酶，然后沿着正确的方向落入结合口袋。当这种情况发生时，抗生素会在结合口袋里停留一会儿，直到它被进一步的分子反弹从口袋里移除。各种各样的力都有可能延长这种结合持续的时间，例如带负电荷的抗生素和带正电荷的结合口袋之间的电吸引力。

在抗生素附着在酶上的那段短暂的时间内，酶继续振动，这种振动对接下来发生的事情至关重要。由于酶的三维形状中的一些氨基酸是粘在一起的，它们不能自由移动，而另一些氨基酸只能在某些方向上移动，有点像剪刀的两片刀刃，由枢轴连接在一起，只能在一个平面上移动。因此，即便热振动从各个方向冲击酶，它的氨基酸的吸引力和排斥力也会将这些振动引导到特定的方向上。

在一种能够分解抗生素的酶中，酶的折叠引导着这些运动，将特定的氨基酸粉碎到分子需要被分解的位置上，由此产生的碰撞使抗生素分裂，这有点像剪刀剪碎纸张，只不过所用到的力是化学的而不是机械的，涉及的是原子之间的吸引和排斥。在热振动的冲击下，这些碎片会移动，最终离开催化部位。这种酶继续振动，随时准备与另一种抗生素分子结合，并切割和破坏这种抗生素分子。

当然，并不是所有的酶都能分解分子，有些酶连接分子或重新排列分子的原子，但是它们的工作原理是一样的，即氨基酸的三维排列将热振动引导到特定的方向上，从而连接分子或重新排列分子的原子。这是一个简单的原理，在进化过程中一次又一次被发现，并体现在数千种催化了无数化学反应的酶中。每一种酶都是一台自组装的纳米机器，也是自然界中的一个看不见的奇迹。

在这些纳米机器中，有一些机器的速度快得超乎想象。人体神经系统的细胞中就有一台这样的机器，这种酶能够帮助细胞展开交流。当神经递质在细胞之间传递信息后，它们可以在这种酶的帮助下得到循环利用。这种酶的单个分子能够与神经递质结合，然后将其分解，并以每秒超过 1 万个分子的惊人速度喷射出碎片，这可以使化学反应的速度提升 100 万亿倍。[16]

有一种酶的分解速度还要快，它的作用可以解释含气软饮料为何会发出嘶嘶声。为了产生气泡，饮料中必须含有二氧化碳，二氧化碳与水接触就会形成碳酸。当你打开一瓶苏打水时，一些碳酸分子会自发地分解。它们释放出二氧化碳，在瓶壁形成小气泡。在没有催化剂的情况下，这种化学反应也会发生，但是反应速度很慢。这是一件好事。如果反应速度很快，你打开的那瓶苏打水会以泡沫间歇泉的形式瞬间释放出所有的二氧化碳。你的唾液中含有一种能够加速这种反应的酶，所以你喝下一大口含气饮料后能体会到气泡感。这种酶每秒可以分解超过 30 万个碳酸分子，同时释放出二氧化碳。不过，这种酶的真正作用不是在你喝含气饮料时增加乐趣，而是调节你的胃液和血液的酸度。[17]

酶的分解速度可能很快，但它们并不完美。这个特点与我们要讨论的古老的抗生素耐药性有关。就像剪刀的枢轴可能会变松一样，酶的引导运动也可能相当草率。它们可能会把错误的氨基酸和与之相连的分子连接起来，也可能会在错误的地方将正确的氨基酸连接起来。此外，酶与分子结合时也可能出现问题。就像一只小手有可能塞进了一只过大的手套一样，一些小分子也可能附着在一个过大的结合口袋内。与手套可以容纳一只仅有三根手指或手指已变形的手一样，有些分子的形状或携带的电荷并不完全适合，但是它们仍然可以与酶结合。出于这些原因，许多能够加速某一种化学反应的酶也能加速另一种化学反应。[18]生物化学家将这些酶称为“混杂酶”，它们能催化与多个分子伙伴的反应。

一种混杂酶通常会“偏爱”某个反应，那是进化为它塑造的，它能够极大地加速这个反应。此外，这种混杂酶不“偏爱”某些反应，它只能在一定程度上加速这些反应，因为它的形状或运动不太适合它们。

许多抗生素耐药蛋白都是混杂的，这种混杂性有助于解开古老的抗生素耐药性之谜。[19]它还可以帮助我们理解为什么即便是对人造合成抗生素的耐药性也可能比人类更古老，以及这种耐药性为什么可以潜伏数千年。这里以 β－内酰胺酶这个有耐药性的混杂蛋白家族为例。β－内酰胺酶的英文“beta-lactamase”由“beta-lactam”（β－内酰胺）和后缀“-ase”组成，它指的是切割分子的酶。β－内酰胺是一个由 4 个原子组成的环。换句话说，β－内酰胺酶就是分解和破坏 β－内酰胺环的酶。这种环不仅存在于著名的天然抗生素青霉素中，也存在于其他许多抗生素中，有些是天然的，有些是合成的。不同的 β－内酰胺酶作用于含有 β－内酰胺环的不同抗生素，不过，大多数酶能破坏两种、三种甚至多种抗生素，这一点尤其重要。经过自然选择的磨砺，它们几乎完美地适应了一种或多种抗生素，并能迅速摧毁这些抗生素。至于其他的抗生素，它们摧毁起来会慢一些。[20] 这些抗生素可能包括酶在自然界中永远不会遇到的合成抗生素。

摧毁抗生素并不是细菌维持生存的唯一方法，另一种方法是在有毒分子进入细胞时将它们泵出细胞。为了达到这个目标，细菌会使用一种名为外排泵的特殊蛋白质，在有毒分子对它们造成伤害之前将其清除。外排泵是一种复杂的蛋白质纳米机器，连接着细胞的内部和外部。它们有空穴，通过空穴来移动它们要运输的分子。当这样的分子附着在外排泵上时，外排泵就会改变形状，通过空穴将这些分子推到外面的世界，这有点类似于你的肠道通过收缩推动食物在肠道里前进。[21]

外排泵不仅可以泵出抗生素，还能作用于多种其他分子。例如，肠道中的细菌会利用外排泵排出胆汁酸。胆汁酸是肝脏产生的一种分子，可以帮助我们消化脂肪，但胆汁酸含有剧毒，所以细菌需要清除胆汁酸。外排泵不仅可以帮助细菌排出胆汁酸，还可以排出多种其他类型的分子，其中就包括抗生素。换句话说，外排泵是高度混杂的，能够排出许多大小和形状合适的分子。这种混杂性也有助于它们为排出可能从未遇到过的有毒分子做好准备。

与其他混杂蛋白质一样，这些外排泵排出不合适的分子时速度很慢。在这种情况下，如果其中一种分子是抗生素，那么抗生素就可能会残留下来并杀死一个细胞。不过，即便是在这种紧急情况下，细菌也不是无计可施。事实上，细菌仍然有一个锦囊妙计，后者可以说明进化在抗生素军备竞赛中是如何巧妙地进行操纵的。这个妙计就是细菌可以通过对外排泵涡轮增压来维持生存，具体方法如下。

细胞必须读取基因的 DNA 信息才能产生蛋白质，或者说，它们表达了编码这种蛋白质的基因。它们通常不会只表达一次，即只产生一个泵蛋白，相反，它们会表达好几次，产生好几个泵蛋白。[22] 每个泵蛋白都能找到将细胞与外界隔开的膜，并将自己安置在那里，这是分子自组装的又一个典型例子。当一个细胞被抗生素“淹没”时，这些泵蛋白就会超负荷。即便发生这种情况，细胞仍然可以从容应对：它可以启动泵蛋白的生产。泵蛋白越多，泵出的抗生素就越多，这可能足以让细胞生存下来。

这个技巧不仅可以帮助细胞维持生存，还可以帮助研究人员深入研究包括外排泵在内的所有蛋白质的作用，以及它们处于休眠状态的潜力有多普遍。为了证明这一点，研究人员要对细胞进行改造，使其过度表达一种基因，从而产生比正常情况下更多的蛋白质。为了理解这是如何发挥作用的，我们以一种混杂酶和它加速的多个反应中的一个为例。想象一下，这个反应进行得非常缓慢，酶几乎未能加速它。因此，这个反应只会产生少量分子。这个量可能非常小，即便我们用最先进的科学仪器也无法检测到。当细胞过度表达这种酶，即制造出更多的这种酶时，这种酶就有可能被检测到。如果实验结果确实如此，那么这种酶所拥有的、以前因处于休眠状态而无法被检测到的潜力就会显露出来。更重要的是，研究人员可以用这种方法研究多种蛋白质（这样不同的细胞会产生不同的蛋白质，而且是过量的蛋白质），然后观察这些蛋白质是否可以提高细胞的存活率。

新西兰的一个研究小组开展了一项类似的实验，其规模令人印象深刻。他们改造了 4 000 多种大肠杆菌细胞，每一种细胞都过度表达了 4 000 种基因中的一种。这个研究小组的发现同样令人印象深刻。过量生产这些蛋白质会使细菌对抗生素产生耐药性，而且不是对一种抗生素产生耐药性，而是对 41 种抗生素产生耐药性，其中一些抗生素是天然的，另一些则是人造的。此外，这种细菌还对 45 种可以杀死细菌的毒素产生了耐药性。换句话说，由于分子机器存在缺陷，细菌抵抗毒素的潜力非常大。这些蛋白质不仅包括我们熟悉的蛋白质，如外排泵和毒素破坏酶，还包括与耐药性联系不紧密的蛋白质，比如让汽水冒气泡的蛋白质。[23]

这种惊人的耐药潜力不仅有助于解释为什么土著居民身上的细菌，以及封闭了几百万年的洞穴中的细菌可以对多种抗生素产生耐药性，还有助于解释为什么微弱得无法检测到的抗生素耐药性可以迅速增强，强到足以杀死脆弱的患者。对于前一个问题，答案是那些细菌含有各种酶和泵蛋白，它们的混杂性有助于它们对抗从未见过的化学物质。细菌几乎可以立即进化出对抗生素的耐药性，而新的耐药细菌在世界各地的诊所传播开来需要若干年时间。事实上，抗生素耐药性进化得极快，我们可以在实验室里实时观察到它们的进化。我在苏黎世大学的实验室的研究团队在研究细菌时，通过不断增加抗生素来观察细菌如何生存，在此过程中，他们观察到了抗生素耐药性的进化。

施拉达·卡夫（Shraddha Karve）是我所带领的研究团队中的一员，她来自印度，以前在我的实验室做博士后研究员。我聘请卡夫的原因是她对细菌如何在含有各种毒素的环境中生存非常感兴趣，这些毒素包括抗生素和重金属，它们会使关键的酶失去活性。卡夫在印度读研究生时就做过进化实验。从她早期的研究经历中，我知道她掌握了设计出简单但信息丰富的实验的诀窍。实验是我们向大自然提出问题的一种方式，但是大自然给出的答案往往是笼统的或模棱两可的。最优秀的实验者知道如何提出问题才能迫使大自然给出明确、具体的答案，就像一位高明的出庭律师在询问证人时能够准确地提取出自己所需的信息。这是一项非常宝贵的技能，许多有抱负的科学家都未能掌握这项技能，但是卡夫拥有它，而且精通它。她成功地把这项技能运用到一个实验中，这个实验不仅告诉我们新的抗生素耐药性能以多快的速度进化出来，还表明进化可以迅速创造出拥有休眠这项才能和多种新技能的生物体。

在实验中，卡夫首先将大肠杆菌的细胞暴露在一种名为甲氧苄啶的抗生素中，这种抗生素的量很少，不足以杀死细菌。在接下来的 24 天里，她逐步加大甲氧苄啶的剂量。在进化的时间尺度上，24 天只是一瞬间，即便在这段短暂的时间里，细胞也进化到可以在比最初的抗生素剂量高数千倍的情况下茁壮成长。该实验的这一部分充分说明了进化的速度有多快，在不到 4 个星期的时间里，细菌对抗生素的耐药性就可以大大增强。这只是实验的第一部分，第二部分更加重要。卡夫将进化后的细菌放在 95 种对它们不利的环境中。在这些环境中，它们的祖先（卡夫最初使用的细胞）都无法生存。有一些环境含有抗生素，其他环境含有不同的毒素，如重金属、洗涤剂、氧化剂和有毒的盐等。接着，她观察这些细菌能否在这些环境中存活下来。乍一看，这似乎是一个奇怪的问题。细菌从未在这些环境中生活过，为什么进化能帮助细菌生存呢？这正是卡夫的发现。进化后的细菌能够在 16 种它们从未生活过的新环境中生存，它们的祖先在这些环境中则无法生存。

这个实验的结果可能只是一种偶然，即一个不寻常的、一次性的、反常的观察结果，我们永远不可能再次观察到这个结果。为了避免这种可能性，卡夫做了科学家们经常做的一件事情，那就是重复这个实验。事实上，她用一种稍微有所不同的方式重复了这个实验，目的是获得额外的信息。具体地说，卡夫重复了 4 次实验，每一次选择的抗生素都不同，以观察细菌对不同抗生素的耐药性。每一次实验的结果都是一样的：在短短几个星期内，细菌就会对抗生素产生强大的耐药性，它们还能够在以前从未遇到过的多种有毒环境中生存。

卡夫本可以就此打住，但是如果她真的这样做了，我们可能永远不会知道实验结果背后的原因。我们可能会认为进化拥有先见之明。实验室的研究人员一致认为，卡夫应该对进化后的细菌的整个基因组进行测序，该基因组包含着大约 450 万个 DNA 字母。我们希望通过测序确定 DNA 突变，这样不仅可以解释进化后的细菌对抗生素的耐药性为什么会增强，还可以解释它们为什么能够在从未遇到过的环境中生存。我们的希望变成了现实。每个基因组都出现了 DNA 突变，其中一些突变改变了已知的混杂蛋白质，后者与对毒素的耐药性有关。例如，一些突变提高了高度混杂的外排泵的“产量”。这告诉我们，先见之明不是必需的，只要存在混杂性就足够了。[24]

对医学来说，这些都是坏消息。抗生素耐药性几乎是瞬间进化出来的，DNA 突变不仅能够增强耐药性，还能使细菌在以前从未遇到过的多种毒素中生存，其中包括抗生素。换句话说，我们参加了一场我们无法取得决定性胜利的军备竞赛。对于我们现在使用的抗生素或将会使用的新抗生素，细菌可能已经产生了耐药性，只不过这项技能尚处于休眠状态。如果它们还没有对这些抗生素产生耐药性，那么它们会迅速进化出这种耐药性，在这个过程中，它们还会进化出在含有多种抗生素的环境中生存的能力，这些抗生素有可能是我们尚未发现的。**新的抗生素不仅唤醒了微生物所拥有的原本处于休眠状态的技能，还帮助创造了更多这样的技能。在这场军备竞赛中，大自然的创新潜力似乎是无穷无尽的。**

如果这听起来令人沮丧，那么一定要记住，人类并不是必定会输掉这场竞赛，至少不会一直是落败方。新开发的抗生素在一段时间内确实有效，直到对它们的耐药性传播开来。如果医生只在患者真正需要抗生素的时候开具处方，那么它们的使用寿命就可以延长。这可以为我们争取时间来开发更多的抗生素或寻找全新的策略，比如用病毒杀死细菌。如果我们合理地利用我们的聪明才智以及我们所掌握的资源，我们就不必在与微生物的军备竞赛中认输。从长远来看，我们必须学会与它们共存。

## 在适当的环境中爆发潜能

一种生物要想茁壮成长，其所处的环境中不能含有致命的毒素。这还不够，环境中还必须富含营养物质，为生物体提供能量和必不可少的基本物质。这些营养物质是通过代谢酶消化的。代谢酶与抗生素耐药蛋白遵循着相同的化学规律。抗生素耐药蛋白的混杂性源自杂乱无章的分子运动，这种运动也会影响代谢酶。这就是混杂性及其后果并不仅限于耐药性的原因。事实上，它们会影响所有新陈代谢，而新陈代谢是维持生命的化学反应所构成的复杂网络。这正是新陈代谢本身就蕴藏着一种处于休眠状态的巨大潜能的原因，这种潜能就是生物利用从未接触过的食物的能力。

现在，我们回过头来讨论一下大肠杆菌。一个多世纪以来，成千上万的研究人员研究过它。[25] 对于大肠杆菌酶的混杂性，他们的研究成果非常引人注目：在维持大肠杆菌生存的 1 000 多种酶中，有 300 多种是混杂性的。[26] 这个估计的数值可能还是太低了，因为我们对大肠杆菌的了解还不够，即便是那个微小的分子结合口袋，其复杂程度也超出了我们的想象。混杂酶可能比我们目前所知道的酶还要多，它们有可能催化了许多未知的反应。即便仅考虑我们已经知道的混杂酶，它们也充分表明大肠杆菌的代谢混杂性产生了一系列重要结果。例如，在混杂酶的帮助下，大肠杆菌可以消化 19 种“食物”，并从无用的分子中制造有用的营养物质，离开了这些混杂酶，它就可能会饿死。[27]

另一个引人注目的实验也凸显了这种代谢混杂性的强大力量。这个实验是由玛卡瑞娜·托尔－里埃拉（Macarena Toll-Riera）在牛津大学开展的，她也曾在我的实验室做博士后研究员。

托尔－里埃拉研究了95个细菌种群。在实验中，她让每个种群在不同的环境中进化。每一种环境中只含有一种营养物质，而且不同的环境中含有不同的营养物质。[28] 在实验开始时，细菌能够在某些环境中存活，在其他环境中则不能存活。最后，细菌的基因组出现了DNA突变，这使得细菌能够适应除了4种环境之外的所有环境。在它们本来就能够生存的环境中，它们生长和分裂得更快；在以前可能会饿死的环境中，它们也存活了下来。整个进化过程不超过30天。

这已经是一个了不起的发现，但托尔－里埃拉接下来的发现更加令人惊叹。对95种进化后的细菌来说，另外94种环境是它们在进化过程中没有接触过的，托尔－里埃拉想知道，这些细菌在那些环境中是否也能茁壮成长。这也是一个奇怪的问题，既然这些细菌从来没有在那些环境中生活过，那么它们怎么可能会在那里茁壮成长呢？然而，这正是酶具有休眠着的潜能时可能会发生的事情。实验结果表明，平均而言，进化后的细菌在16种新环境中都能茁壮成长。[29]

上述两个实验以及其他类似的实验表明，进化可以极其迅速地改变生物体的命运，唤醒其休眠的潜能。不过，这些实验没有探测清楚这种潜能究竟有多大。研究人员并没有探究一种混杂酶到底能与多少种分子结合。

为了找到这些问题的答案，我们需要开展另一种实验。在一个这样的实验中，研究人员需要将一种酶暴露在许多种分子中，然后观察这种酶能够帮助多少分子发生反应，是少数、大多数还是全部。

这样的实验一般集中研究一类特别重要且分布广泛的酶，这些酶在不同的分子之间转运磷酸盐。磷酸盐是一个磷原子与三个氧原子的结合体，在活细胞中无处不在。人类 DNA 的每一个组成部分都含有磷酸盐。生命的通用能量载体 ATP 中就有三个磷酸基团。许多蛋白质都可以通过附着磷酸盐来开启或关闭。这就是为什么涉及磷酸盐的化学反应非常重要，为什么生物体会产生许多种在分子之间转运磷酸盐的酶。

在 2015 年的一项研究中，研究人员探究了 200 种这样的酶，将每一种酶依次暴露在 167 种含磷酸盐的分子中。对于 1.6 万多个酶－分子对中的每一个，研究人员都要观察酶能否催化该分子参与的反应。答案是肯定的。超过一半的酶能催化 6 ～ 40 个分子的反应，50 种酶能催化 143 个分子的反应。[30]

如果一个细菌的大约 1 000 种酶中的每一种都能帮助催化大约 5 种反应（在这样的实验中，这是相当保守的估计），那么它的新陈代谢就能加速 5 000 种反应，这比不存在混杂性的情况下多 5 倍，当然也比它在任何一个地方生存所需的反应都要多得多。这种代谢潜能甚至可以扩展到其他有毒分子。

我们已经知道细菌在含有抗生素的环境中生存的能力，有些细菌能做的远不止这些，它们甚至可以将抗生素转化为营养物质。抗生素的原子键含有大量的能量和碳，可以用来构建新细胞，前提是细胞能获得这些资源，而不是被杀死。事实上，有些细胞确实可以做到这一点。在 2008 年的一项研究中，研究人员从世界各地的土壤中分离出细菌，并强制喂食医生用来杀死它们的抗生素。令人惊讶的是，每种土壤中含有的细菌不仅能在抗生素中生存，还能把抗生素作为能量和碳的唯一来源。这些细菌来自人类很少接触的原始土壤，实验中所用的有些抗生素在自然界并不存在。

细菌的代谢潜能甚至能把毒素转化为食物。[31]

细菌之间的基因转移进一步增强了这种代谢潜能。我在第 3 章中提到过，被转移的基因及其编码的酶不仅在代谢网络中创建了新的代谢途径，而且在现有代谢途径之间建立了新的联系。[32] 这样的酶所产生的新的代谢流量可以帮助细胞在多种新环境中生存，即便这种酶不是混杂酶。混杂酶可以连接多种代谢途径，从而进一步增强这种潜力。

细胞是极具创新潜力的微观集合体，我们对这种潜力只有初步的了解。细菌的创新潜力肯定不局限于新陈代谢方面，加速化学反应只是维持细胞生存所必须完成的众多任务之一，另一项任务是开启或关闭基因。事实证明，酶也能做到这一点，因此它们绝不只是灵活的催化剂。

当一个细胞在基因中表达信息以制造蛋白质时，它首先要转录该基因的 RNA 拷贝。控制着这一过程的是一种通常被称为转录调节因子（transcriptional regulators）的特殊蛋白质，它们调节着转录。这些调节因子不仅可以开启或关闭基因的转录，还能调节 RNA 拷贝的数量。RNA 拷贝越多，细胞可以翻译的蛋白质就越多。

这些调节因子通过附着在基因开头附近的一小段 DNA 上来发挥作用。这种附着向细胞发出信号，告诉它可以开始转录了。[33] 细胞里有几十到几百个这样的调节因子，它们各自调控着一组不同的基因，有一些调节负责消化营养糖的基因，另一些调节保护细胞免于过热的基因，还有一些调节修复受损 DNA 的基因，等等。

与酶的作用机制不同，调节因子需要结合 DNA，并控制转录。令人惊讶的是，有些酶还兼具调节作用。有一种酶可以帮助新陈代谢生成精氨酸这种氨基酸，还能调节与制造精氨酸无关的基因，即与细胞利用氧气产生能量有关的基因。[34]

行文至此，我必须停下来强调一下这有多么了不起。如果说一个混杂酶就像一位会弹吉他的钢琴演奏家，那么这种蛋白质就像一位音乐家，同时也是专业的飞机工程师或医生。它所拥有的技能远远超出了进化希望它通过训练掌握的技能。

生物化学家将这种蛋白质称为兼职蛋白（moonlighting proteins），它们有一份正职和一份或多份副职，因此需要比酶掌握更加多样化的技能。这些副业对兼职蛋白来说可不是业余爱好，事实上，它们可能对生存至关重要。

我们已经知道，这样的多功能蛋白质有数百种，而最令人震惊的多功能蛋白质存在于人类和其他动物的眼睛里，那是一种能够帮助我们看见世界的蛋白质。[35]

我们眼睛中的晶状体通过改变形状来聚焦光线，其具体形状取决于我们是看近处的物体还是看远处的物体。透镜材料能够改变光线的方向，就像水会使从空气中进入水中的光线发生折射一样。晶状体必须比它周围的介质密度大才能折射光线，它是通过晶体蛋白（crystallins）实现这一点的，后者的浓度非常高。许多蛋白质在高度浓缩时会形成不透明的团块，晶体蛋白在晶状体中则能够一直保持透明状态。它们只有在受到损伤时才会聚集成团块，比如受到紫外线的照射。当这种情况发生时，我们眼睛中的晶状体就会形成白内障，即它们会变得浑浊，我们就可能会失明。

比晶体蛋白的透明性更引人注目的是晶体蛋白从何而来。它们不仅存在于眼睛中，也存在于其他许多器官中，它们在其他器官中能够发挥完全不同的作用，即催化化学反应。换句话说，晶体蛋白是人类新陈代谢中的酶。一些作为催化剂的酶非常古老，甚至在眼睛进化出来之前就已经存在。当眼睛进化出来后，进化改变了对这些酶的调节，所以眼睛会产生大量的酶。因此，晶体蛋白所完成的“看”的工作其实只是一份兼职。晶体蛋白的进化首先需要的是一种蛋白质，这种蛋白质拥有一项休眠着的简单技能，即它们能够在产出过剩时保持透明。[36]

动物和细菌拥有潜能无限的分子，植物也不例外。植物无法躲避以它们的根、叶子或其他部位为食的敌人，它们必须进化出一种特殊的超能力，即化学防御。我们可以把植物的化学防御看作一种复杂的被动攻击。事实证明，功能多样的分子在其中发挥了关键作用。

前文提及的一个例子就体现了这种超能力，黏性植物分泌物中的乳胶和树脂就是化学防御武器。植物的化学武器库非常大，乳胶和树脂只是其中两种武器。另一种武器是氰分子，这个名称本身就足以说明一切。一旦动物咬到了含有这种分子的植物，这种分子就会释放出氰化物。氰化物就是纳粹在奥斯威辛毒气室杀害囚犯时使用的致命毒药。木薯或木薯块茎是非洲和南美洲许多地区的居民的主食，其中也含有这种分子，除非煮熟或浸泡足够久的时间，否则吃下它们会氰化物中毒。目前有 60 种植物能够释放出氰化物，就这一点而言，植物确实称得上多产的发明家。[37]

那些类似动物激素的分子更加多样化，而且同样拥有多种功能。最著名的是蜕皮激素，一种帮助昆虫在生长过程中蜕掉和重新长出坚硬的几丁质外壳的激素。这种激素还能帮助毛毛虫蜕变成蝴蝶。植物会生成这些分子的变体，目的是干扰以它们为食的昆虫的生长和发育。我们现在已经知道的由植物产生的类似动物激素的分子有 200 多种，而且还在不断增加。[38]

当你咬下一口没有熟的水果时，单宁会让你的嘴又涩又干。单宁是针对你的消化道的化学武器，它会与植物蛋白和消化酶相结合，从而使植物蛋白更难消化。单宁属于一个庞大的防御性化学物质家族，这个家族有9 000多名成员。尽管如此，它们的数量仍然不及生物碱，后者约有1.2万种。有一些生物碱现在变成了成瘾性药物，如尼古丁和咖啡因，其实它们原本是对抗食草动物的化学防御武器。例如，尼古丁对食草动物来说是有剧毒的，会破坏它们的神经通信。[39]

总的来说，植物产生了20万种我们已知的分子，可能还有更多我们不知道的分子。这些分子中的大多数对植物的生存都不是必需的，但是它们发挥着特殊的作用，比如充当化学武器。[40]我在此提及这种化学上的多样性，是因为如果没有混杂酶，这种多样性就不会存在。就植物而言，这种多样性背后的酶并不是那种从营养物质中提取能量的代谢酶，而是生物合成酶，可以将简单分子转化为复杂分子。一种混杂的生物合成酶能催化多种反应，产生多种复杂分子。这种酶不仅能帮助植物产生某种防御性化学物质，还能产生由多种防御性化学物质构成的复杂混合物。例如，烟草属植物中的一种酶有助于制造一种分子来防止真菌感染，这种酶还会产生不少于24种作为副产品的其他分子。[41]

在这方面潜能特别大的是一类总称为细胞色素酶P450的酶，其中一些酶能催化数百种反应。[42]更重要的是，生物圈中包含着这类酶的5万多种变体，它们能催化的反应的范围各不相同。许多物种能产生不止一种细胞色素酶，尤其是植物物种，通常能产生多种细胞色素酶。例如，水稻能产生400多种这种混杂酶的不同变体。[43]这种混杂性有助于解释植物中化学物质的多样性。

这些化学物质中只有一部分是有用的，其余的可能就像白骑士的发明一样毫无用处，至少在植物遇到合适的环境之前是如此。然而，当植物遇到合适的环境时，那些原本毫无用处的化学物质就会变成强大的武器。事实上，只要为有些植物提供一个新的环境，它们就能变成毁灭性的入侵者，取代所过之处的一切植物。它们也因此被称为入侵植物，会对所入侵的环境造成严重破坏。[44]

在这类物种中，有一种已经困扰了美国近一个世纪。它就是葛藤，是蔓藤中的一种，能够攀缘生长并迅速蔓延。葛藤是在 19 世纪晚期从亚洲传入美国的，并在 20 世纪 30 年代沙尘暴肆虐时期被用于对抗土壤流失。[45] 从那时起，它就变成了一种有害的杂草。它广泛分布于美国南部，所到之处的几乎所有事物都会被它迅速淹没，不仅是其他植物，还有废弃的汽车和破败的建筑，它们被一大片令人窒息的绿叶覆盖。葛藤的生长速度极快，在第二次世界大战期间，美军曾在太平洋岛屿上利用葛藤浓密的叶子来伪装武器装备。

入侵植物在陆地上如此，在水中亦复如是。水葫芦最初是在 19 世纪作为观赏性池塘植物从南美洲引进美国的，它那艳丽的淡紫色花朵令人惊艳，但更惊人的是它极快的繁殖和传播速度。水葫芦的繁殖方式主要有两种：一是种子播种，一株水葫芦每年会释放 3 000 多颗种子；二是分株，水葫芦会不断长出新芽。因此，水葫芦的生长速度极为惊人。据报道，非洲维多利亚湖的水葫芦每天可以扩张近 5 万平方米。它们可以迅速覆盖整个水道，并在上面铺上一层非常稠密的组织垫。这种组织垫不仅会使其他植物无法获得光线，还会阻止空气与水的混合，从而杀死鱼类。水葫芦会堵塞灌溉渠道，阻塞航运路线，缠住渔船的螺旋桨，阻碍水力发电厂取水。仅在美国，水葫芦每年就造成大约 1 200 亿美元的损失。

值得注意的是，水葫芦这样的入侵植物对其原生栖息地的破坏要小得多。只有在进入新的栖息地时，它们才会失控，原因之一是缺少天敌。例如，在水葫芦的原产地南美洲，许多象鼻虫和飞蛾以水葫芦为食，从而控制水葫芦的生长，其他地方则没有同样的象鼻虫和飞蛾。这就是将这些昆虫引入一个新的地方有助于减缓水葫芦入侵速度的原因。[46]

没有天敌并不是外来入侵植物压倒本土植物群的唯一原因。许多入侵植物也会产生化学物质，模糊防御和进攻之间的界限。有些入侵植物还会阻止其他物种的种子发芽，另一些入侵植物则会挤占竞争对手的生态位。有一些入侵植物更狡猾，它们释放出的化学物质会掩盖来自竞争对手的诱人花香，将为竞争对手的花朵授粉的昆虫引入歧途，从而阻止竞争对手的繁殖。[47]

入侵植物产生的某些化学物质对新栖息地的原生植物尤其具有破坏性。在原生栖息地，其他植物有时间适应这些化学物质，因此可以与那些入侵植物共存。新栖息地的植物可能从未遇到过这些化学物质，因而对它们毫无防备。

松树是使用这类化学武器的入侵物种之一。松树大都原产于北半球，现在已经入侵非洲南部、大洋洲和南美洲，威胁着当地的物种。[48] 松树掉落的针叶会释放出一种能够阻止其他植物生长的化学物质，这就是为什么松树林下方的土地即便光照和水分都很充足，往往仍会十分贫瘠。[49]

另一个例子是斑点矢车菊（spotted knapweed），一种看上去完全无害的植物，它的分枝茎可以长到一米多高，顶端开出羽毛状的紫色花朵。它原产于欧洲，后来传播到美国，现在已经蔓延了超过2.8万平方千米。美国农业部已经将斑点矢车菊列为有害杂草，因为它会抑制周围植物的生长，包括那些以草为食的牛所喜欢的植物。斑点矢车菊会产生一种名为儿茶素的分子，这是它自创的“除草剂”，能阻止附近的种子发芽。[50]

有一种入侵物种被认定为全球十大最恶劣的杂草之一，它就是微甘菊（*Mikania micrantha*），一种原产于南美洲和北美洲的植物，现在已经入侵亚洲并迅速传播。微甘菊能够迅速蔓延，部分原因是它会产生一种由 79 种化学物质组成的混合物。研究人员从微甘菊的根和叶中提取出这种化学混合物，发现它能抑制 20 种树木的生长。[51]

这种化学混合物中的一些成分可能已经在微甘菊的原产地发挥了作用，其他成分则可能是混杂酶的无用副产品。有一些成分在微甘菊的原生栖息地可能毫无用处，到了其他地方则会变成强大的武器。这些分子的潜能处于休眠状态，在合适的环境中，这种潜能就会爆发出来，酿成毁灭性的物种入侵事件。

## 扩展适应，进化赋予旧事物新用途

进化能够赋予旧事物以新用途，这种观点可谓根深蒂固，至少可以追溯到达尔文的《物种起源》。在这部巨著中，达尔文以肺鱼的鱼鳔为例阐述了这个观点。[52] 鱼鳔是一个充满了气体的囊，能够帮助鱼类控制浮力，在不消耗能量的情况下保持在当前的位置，有点像潜艇的压载舱。[53] 鱼鳔最初只是内脏的附属物，当鱼类开始征服陆地时，它们才派上了用场，不过不是帮助鱼类控制浮力，而是有助于鱼类从空气中吸收氧气。我们之所以能够呼吸空气，要归功于鱼鳔变成肺的潜能。

类似的例子数不胜数，很多都进入了中学生物教科书。例如，爬行动物的颌骨变成了三块小骨头，把声音从鼓膜传递到内耳。[54] 鸟类能在空中飞翔，是因为它们拥有羽毛，而羽毛最初是用来保持身体温暖或干燥的。啄羊鹦鹉生活在新西兰，利用尖利的喙啄食种子，当羊被引入新西兰后，它便开始用尖利的喙切开羊皮，以羊肉为食。[55]

很长一段时间以来，像鱼鳔这样的特征一直被称为预适应（pre-adaptations），这是因为它们不仅仅是适应。它们很适合用于完成呼吸空气这样的工作，甚至在这种工作存在之前就已经出现。然而，许多生物学家对这个术语持怀疑态度，原因是它暗示着进化有先见之明，就好像我们的鱼类祖先体内的某种东西知道，呼吸空气有一天会成为一项热门的新技能，而这显然是错误的。

直到 1982 年，生物学家才开始有意识地避免使用这个术语。正是在那个时候，古生物学家古尔德和伊丽莎白・弗尔巴（Elisabeth Vrba）创造了一个更新奇的术语，即扩展适应（exaptation）。这个新的术语被沿用了下来，也许是因为它是一个全新的术语，所承载的历史负担较少。从那时起，许多人就说，作为听觉器官的中耳骨是源于颌骨的扩展适应，羽毛则是鸟类为了飞行而进化出来的扩展适应，诸如此类。[56]

当古尔德和弗尔巴创造“扩展适应”这个术语时，生物学已经进入了分子时代，其开端是 1953 年 DNA 双螺旋结构被发现。人们很快就发现，生命分子才是扩展适应的主要来源，这些分子可能比羽毛和骨头等大型结构更令人惊奇。例如，为了产生乳糖，像人类这样的哺乳动物需要一种蛋白质，这种蛋白质的来源与牛奶几乎没有关系，而是从一种用于杀死唾液中的细菌的蛋白质进化而来。这种蛋白质就是溶菌酶，早在哺乳动物出现之前，甚至有可能在动物诞生之前，它就已经存在，因为一些细菌也会产生一种溶菌酶。有些病毒甚至利用它来杀死细菌。[57]

类似的例子还有很多，其中包括从代谢酶中提取的兼职晶体蛋白，以及南极鱼体内防止血液冻结的蛋白质，这种蛋白质与胰腺中的酶有关。[58]在所有这些扩展适应中，新的、有用的东西都源于旧的、有用的东西。

然而，混杂蛋白质打破了这种模式。在一个与世隔绝的亚诺玛米人身上，一种能摧毁 21 世纪的抗生素的蛋白质显然毫无用处。在没有与之匹敌的敌人的情况下，混杂酶所拥有的产生防御性化学物质的能力也是无用的。它们致力于寻找问题的解决方案，是这些酶的其他作用的副产品。从这个意义上说，它们就像白骑士的发明。当它们能发挥作用时，即出现了合适的抗生素或合适的敌人，它们就会变成扩展适应，但不是生物教科书上描述的那种扩展适应。这是因为它们不仅把有用的东西变成有其他用途的东西，还将无用的东西转化为有用的东西，而且在这个过程中不需要通过稀有而珍贵的 DNA 突变来改善蛋白质，它们所需要的只是一个不断变化的环境。[59]

由于如此多的酶都是混杂的，有些人甚至认为所有酶都是混杂的，现存的每一个细胞所包含的成千上万个分子都拥有巨大的潜能。[60]在蛋白质的世界里，它们是维持生命的“睡美人”。在这个世界上，白骑士的发明可能远远超过了他所需的发明，就像细菌酶可能催化的反应比它们生存所需的反应要多很多倍。在任何时候，大自然的创新潜力都可能远远超过它对创新的需求。达尔文和古尔德都不知道这种潜力到底有多大，他们也不知道在它之下还有另一个层次的生物创新，而且更为丰富。

## 唤醒创新睡美人
Sleeping Beauties

1. 进化可以迅速创造出拥有休眠这项才能和多种新技能的生物体。

2. 一些成分在原生栖息地可能毫无用处，到了其他地方则会变成强大的武器。这些分子的潜能处于休眠状态，在合适的环境中，这种潜能就会爆发出来，酿成毁灭性的物种入侵事件。

3. 生命分子才是扩展适应的主要来源，这些分子可能比羽毛和骨头等大型结构更令人惊奇。

# Sleeping Beauties

第 5 章

## 新的基因一直在产生，但成功需要等待

> 在一个垃圾场里，一架波音 747 被肢解后的碎片杂乱无章地堆着。突然，一阵龙卷风刮过，那么狂风过后在垃圾场里发现一架组装完成、随时可以起飞的波音 747 的概率有多大？答案是，这个概率小到可以忽略不计，即便龙卷风吹过的垃圾场大到足以填满整个宇宙。[1]

这段话出自 20 世纪英国天文学家弗雷德·霍伊尔（Fred Hoyle）。霍伊尔用这个假想的例子来论证“泛种论”（panspermia），即生命不是起源于地球，而是来自太空。这一论证有时也被称为霍伊尔谬误（Hoyle's fallacy）。它的问题在于，波音 747 必须一次组装完成，但是当今学术界那些受人尊敬的生物学家认为，进化并不是一蹴而就的。**进化不是飞跃向前，而是小步前进。在迈出下一步之前，之前的每一步都必须保存下来，这是自然选择的关键任务。**

抛开那些疯狂的想法不谈，自达尔文时代以来，生物学家就一直在争论进化的速度到底有多慢。当前的主流观点是，在大多数时候，进化的速度极其缓慢，慢到几乎看不出来。这种观点被称为渐变论（gradualism），达尔文也持这种观点。许多物种在进化过程中都是缓慢地发生变化的，这个事实支持了渐变论。这也符合我们对 DNA 突变以及它们如何改变基因组的认识。许多突变只能改变基因组的上百万个 DNA 字母中的一个，因此它们一次只能改变数千个蛋白质中的一个。大多数这样的突变对整个生物体的影响很小。

进化创造生命的新特征这一过程也体现了渐变主义思想。我们以新蛋白质和新基因的起源为例，细胞将 DNA 核苷酸片段转录成 RNA 的碳拷贝，然后翻译成蛋白质的氨基酸链。关于新蛋白质和新基因的起源，一位权威专家是这样描述的：

> 不同的氨基酸通过随机结合创造出一种新的功能性蛋白质的可能性几乎为零。在生物体中……全新的核苷酸序列可以被创造出来，这种观点毫无意义……[2]

这位专家可不是那种所谓的“权威人士”，而是法国分子生物学家、诺贝尔奖获得者弗朗索瓦·雅各布（François Jacob）。在 20 世纪，雅各布是遗传学领域的一位杰出人物，正是他为我们揭示了细胞是如何决定基因何时进行转录和翻译的。

雅各布的这几句话出自他于 1977 年发表的一篇著名文章。他在这篇文章中提出了一个更宽泛的渐变主义观点，该观点如今已经被广泛接受。这个观点认为，进化就像一个修补匠，他有一个巨大的作坊，里面堆满了“垃圾”，即各种各样待组装和修理的设备、一大堆用途已被遗忘的小玩意，以及非常多的或能用或损坏了的工具。与修补匠一样，进化会修理、摆弄和打磨这些部件，将它们组装成装置、小工具和分子机器，而这些东西会不断更新换代。换句话说，进化改变了生命现有的组成部分，创造出新的组成部分，比如，前肢变成翅膀，鱼鳔变成肺，等等。进化不是在一次飞跃中创造出全新的东西，包括新的基因和蛋白质。

早在许多年前，成千上万的基因组就已经测序完成，如今，我们知道雅各布关于“进化是一个修补匠”的观点基本上是正确的。不过，在一个同样重要的问题上，雅各布却大错特错了。新基因不一定来自旧基因，它们能够而且确实经常从零开始出现。这样的新基因频繁出现，生物学家为它们创造了一个专门的术语，即新生基因（de novo genes）。

当然，雅各布并不知道这一点。这一发现是基因组时代的研究成果，而基因组时代是在雅各布的暮年才开始的。新生基因的存在证明了进化可以从零开始创造出基因组的复杂特征。它们还表明，我们可能没有给予进化的创造力足够的信任。我将新生基因作为本章的主题，不仅是因为它们凸显了进化的创造力，还因为它们再一次说明，进化创造出的东西常常比它所需要的更多。这是因为大多数新生基因诞生之后都处于休眠状态。早在帮助生物体维持生存之前，它们就出现了。

在对新生基因展开进一步讨论之前，我们有必要先了解一下进化是如何通过修补旧基因的老方法来创造新基因的。为此，我需要补充一些关于DNA 突变的信息。

我在前文已经提到过，大多数 DNA 突变是由蛋白质修复组（protein repair crews）引发的，后者不知疲倦地修复着我们细胞中的 DNA。它们可以修复由高能辐射造成的损伤，以及由我们自身的新陈代谢产生的有毒化学物质造成的损伤。有一些蛋白质修复组负责修复单个突变的 DNA 字母，另一些则负责修复整个 DNA 序列，并将它们与基因组中其他地方的 DNA 序列粘补到一起。

这些修复蛋白虽然是伟大的分子机器，但是也很容易出错。有时，它们在校对时会忽略某个突变的 DNA 字母，即一个点突变。例如，当一个点突变破坏了制造一种重要蛋白质所需的信息时，就会造成死亡，就像一篇文章中的某个关键词写错了会影响读者理解这篇文章一样。不过，有些未修复的突变不会造成伤害，比如，当它们发生在基因外部时。无害的突变可以传递给下一代，并永久保存在不断进化的基因组中。对于我在第 2 章提到的分子钟来说，无害的突变非常重要。

修复蛋白还会犯另一种错误。当从基因组的其他地方复制 DNA 来固定一段文本时，它们偶尔会将文本粘贴到错误的位置，结果就是形成了一段 DNA 副本，该副本可能会包含几个、数千个或数百万个 DNA 字母。当这样复制过来的 DNA 包含一个基因时，这个基因本身也就被复制了。

一个原始基因和它的副本最初是完全相同的。随着时间的推移，这两个基因经历了相同的点突变，就像我们所有的基因组一样。这些点突变中的大部分被修复了，但是也有一些被遗漏了。被遗漏的点突变中不仅有能够杀死携带者的有害突变，也有保留下来并代代相传的无害突变。慢慢地，保留下来的点突变会导致两个基因分化，即两者的 DNA 文本之间的差异越来越大。

重复的基因往往分化得特别快，这是因为影响它们的大多数突变都属于无害突变。[3] 这不难理解。即便是最具破坏性的突变，即便这种突变使两个基因中的一个失去活性，并破坏基因制造有用蛋白质的能力，只要另一个冗余拷贝仍然存在，这种突变也有可能是无害的。[4] 事实上，这种破坏是大多数基因复制的命运。在某些物种中，这种破坏影响了 90% 的基因，它是由一种突变引起的，这种突变会破坏基因复制的正常过程，使之不再被转录或翻译成有用的蛋白质。[5] 因此，这样的突变产生了一个假基因，并让另一个拷贝像复制前一样独自执行任务。

复制、突变、分化、最终毁灭，这个过程可以一遍又一遍地重复，这样创造出来的不仅是成对的复制体，还有整个复制家族。一个家族可能包含数百名成员，其中一些是活性基因，也有许多是假基因。就像我们的家庭成员在外貌上相似一样，这些家族的成员通常在 DNA 文本上彼此相似。最近复制的成员最相似，旧的副本则不太相似。最古老的副本可能经常发生突变，所以它们变得不再像它们的亲属。

大多数 DNA 是通过 DNA 修复酶被动地复制，而且有可能出错，不过有些 DNA 具有一种特殊的才能。这些 DNA 含有能够帮助它们移动的基因，所以它们是可移动的，可以将自己复制粘贴到基因组中的新位置。尽管这种能力并不能保护可移动 DNA 免受点突变的影响，但这种突变在可移动 DNA 中造成的危害比在其他复制 DNA 中造成的危害要小。这是因为可移动 DNA 的基因是生物学家理查德·道金斯（Richard Dawkins）① 所说的自私的基因。自私的基因是基因组的寄生虫，其最高目标是在基因组内繁殖。[6] 它们并没有为人类的生存服务。出于这个原因，那些致使它们瘫痪的突变不会受到自然选择的惩罚。我们的基因组也包含这种可移动 DNA，突变会致使它们无法再移动。可移动 DNA 的数量很大，可能有成千上万的残缺拷贝。

① 道金斯是牛津大学教授，英国皇家科学院院士，有“达尔文的斗犬”之称的进化生物学家，已出版《科学的价值》《基因之河》《道金斯传》等多部畅销作品，这些著作的中文简体字版已由湛庐引进、天津科学技术出版社等出版社出版。——编者注

DNA 复制频繁发生，要么通过笨拙的 DNA 修复被动进行，要么通过可移动 DNA 主动进行。它们可能比众所周知的改变单个 DNA 字母的点突变更加频繁。[7] 事实上，由于 DNA 复制太频繁，在人类基因组的 30 亿个字母中，有一半以上是过去 DNA 复制的残余，有些是最近形成的，有些是数亿年前形成的。这些残余基因中有许多都属于基因家族，家族成员仍然具有相似之处。许多其他基因经过无数的突变后 DNA 序列随机化了，因而变得面目全非，尤其是假基因。它们就像被一场绵绵细雨慢慢抹去的脚印，只是速度更慢，历经数百万年。

## 进化会创造出比所需要更多的东西

幸运的是，基因复制的故事不只是一个关于侵蚀和破坏的故事，否则进化不可能走得如此之远。就像一名工匠偶尔会发现一个有用的小玩意，进化偶尔会通过复制和点突变的结合创造出创新基因。这种突变有助于产生能够将新型营养物质运送到细胞中的蛋白质、能够移动更重负荷的分子马达或者能够催化新的化学反应的酶。我在前文提到过细胞色素酶 P450。在人类的基因组中，一个由 50 多个复制的基因组成的基因家族编码细胞色素酶 P450，可以帮助我们合成维生素和激素，同时破坏我们肝脏中的有毒分子。不过，这个基因家族在人类中的规模与在水稻等植物中的规模相比就相形见绌了。在水稻等植物中，这个基因家族包含数百名成员，它们能够帮助植物产生一种强大的化学混合物，以防御敌人的攻击。每名成员都是在多次突变中幸存下来的一个基因副本，这些突变还赋予了每名成员新的化学技能。[8]

这就是雅各布设想的所有新基因进化的方式。[9] 复制并修改 DNA 的突变通常会产生无用的假基因，但是偶尔也会带来惊喜，即突变的 DNA

序列能够编码一种新的蛋白质。这种情况非常罕见，但是经过千万年的岁月，它们逐渐累积起来，因而人类的基因组中有着成千上万的复制的基因，这些基因的新技能在大自然修改其祖先的技能时就会涌现出来。

雅各布理应为设想出这个景象而受到人们的颂扬，毕竟当时的他没有办法确定这是不是真的。那是在 1977 年，读取人类基因组 DNA 并识别其基因的技术还处于起步阶段。到了 20 世纪 90 年代，即基因组时代到来后，第一批基因组测序才证明了他的设想是正确的，更准确地说应该是部分正确。第一批基因组测序也告诉我们，雅各布漏掉了新基因的另一个来源，即不编码任何东西的随机 DNA 片段。

当然，很少有人会责怪雅各布，说他反对新生基因，毕竟一个基因确实是一段非常特殊的 DNA。它拥有雅各布熟知的多种复杂特征，其中一些特征就是他发现的，但这些特征的起源是个谜。有一些特征允许细胞将基因的 DNA 转录成 RNA 副本。转录这项工作是由 RNA 聚合酶完成的，

这种酶需要一种我们已经讨论过的蛋白质的帮助，那就是转录调节因子。这种调节因子与基因附近的特定 DNA 单词结合，并指导 RNA 聚合酶进行转录。当这种长度在 6 ～ 20 个字母的单词恰好在基因附近时，这种酶才能进行转录。

接着，转录物必须被翻译成蛋白质，这项工作不仅需要像 RNA 聚合酶这样的蛋白质，还需要一种复杂的生化机器，即核糖体。核糖体从转录物的一端开始扫描，直到找到一个特定的字母三联体，也就是 AUG。在转录物中，字母 U 代表尿嘧啶，它与代表胸腺嘧啶的字母 T 相对应，于是聚合酶将其转录成 RNA 字母 U。这个 AUG 三联体是核糖体开始翻译的信号，核糖体会将其翻译成一种特定的氨基酸，即蛋氨酸。

核糖体开始翻译后会沿着转录物移动，扫描每一个连续的字母三联体，并将其翻译成 20 个氨基酸中的一个，使用的是几乎和生命本身一样古老的遗传翻译密码。核糖体在移动的过程中会将各个氨基酸连接起来，形成一条连续的蛋白质链，直到核糖体遇到 UGA、UAA 和 UAG 这三个三联体中的一个。对核糖体来说，这三个三联体具有特定的意义，它们充当的是“停止翻译”的命令。开始信号、停止信号以及两者中间的三联体一起组成了一个开放阅读框（Open Reading Frame，ORF），这是一个 DNA 区域或它用来编码蛋白质的转录物的简称。[10]

要想成为一个合格的基因，一个 DNA 片段不仅必须包含指导转录的特定 DNA 单词，还必须包含一个被翻译成蛋白质的开放阅读框。考虑到这些要求，我们确实很难想象一个基因可以从无到有。[11]

尽管很难想象，但这确实是事实。最早的线索出现在基因组时代早期，即在人类、果蝇和大肠杆菌等标志性物种的第一批基因组测序完成之后。当时，人们已经很清楚，读取多个基因组比只读取一个基因组要有用得多。我们以人类的基因组为例来加以说明。人类的 DNA 于 2001 年首次测序完成，这让我们更加深入地了解了很多关于人类生物学的知识。我们知道了人类有多少个基因，这些基因编码哪些蛋白质，以及人类的新陈代谢是如何工作的。毫无疑问，这些知识极具启发性。然而，与我们通过和其他生物体（比如黑猩猩）的基因组进行比较而获得的洞察力相比，这些知识的价值就不值一提了。黑猩猩的基因组是在 2005 年完成测序的。对于这样的基因组比较，我们首先要将两个基因组对齐，也就是将它们并排排列，一个字母一个字母地依次排好，然后比较它们的特征，其中最显著的是它们的基因。

大约 500 万年前，人类和黑猩猩从一个共同的祖先中分离出来。从那时起，这两个谱系分别进化并经历了不同的突变。自然选择淘汰了有害突变，并让无害突变留了下来。在保留下来的突变中，最有趣的是那些创新的突变，正是这些突变使人类得以成为人类。人们可以通过识别人类谱系特有的突变来找到它们，其中包括帮助人类产生语言所需的各种声音的突变。有些突变使人类的双手变成了复杂的工具，使人类的大脑变成了强大的数据处理器，使人类的身体变成了耐用的跑步机器，正是这些突变帮助我们的祖先在非洲大草原上生存下来。[12] 从更广泛的意义来说，比较基因组学这门比较不同基因组的科学可以告诉我们，是什么使物种独一无二，又是什么使不同物种彼此相似。

比较基因组学还揭示了自然选择可以容忍某些基因的许多突变，但是不能容忍其他一些基因的突变，或者只能容忍这些基因的少数突变。数百万年来，这些基因一直保持不变，用专业术语来说就是保守。这些基因在维持生命方面起着极其重要的作用，它们若是发生突变，受到的惩罚将是死亡或灭绝。**基因组进化的一般原则是，如果一个基因的字母序列在进化过程中变化缓慢，那就意味着这个基因很重要，自然选择消除了它的大部分 DNA 突变。**因此，比较基因组学对于我们识别重要基因至关重要。

从黑猩猩到大猩猩、红毛猩猩、猕猴和其他灵长类动物，每当一个灵长类基因组测序完成，我们对灵长类动物共有的生物学特征，以及每一个物种特有的生物学特征都会有更深入的了解。然而，对典型的灵长类动物基因组进行测序是一项艰巨的挑战，因为灵长类动物的基因组太大了。它们包含了近 30 亿个字母，在标准信纸上相当于 300 万页单行距的文字。[13] 其他物种的基因组比较小，因而更容易被读取和测序。正因如此，在对黑猩猩基因组进行测序仅仅两年后的 2007 年，研究人员就读取了来自不同种类的果蝇的十几个基因组。这些基因组中的每一个只包含 2 亿个字母，还不到人类基因组的 1/10。[14] 对细菌的基因组进行测序更加容易，它们只包含几百万个字母，大约是人类基因组的 1/1 000。这就是基因组数据库中有数千个来自大肠杆菌等细菌的基因组的原因。

## 独一无二的孤独基因

随着完成测序的基因组越来越多，研究人员将不同的基因组进行比较时获得了许多发现，其中一个发现最令人困惑，即每一个新测序的基因组都包含了数百到数千个独特的基因，这些基因的 DNA 是独一无二的，与其他生物体的 DNA 没有相似之处。这样的基因被称为“孤独基因”（orphans）。

孤独基因是新生基因的良好候选者。[15] 我用“候选者”这个词，是因为在基因组学诞生之初，研究人员无法排除基因起源还有更一般的解释的可能性。这是因为当时完成测序的基因组非常少，而且大多数基因组来自在生命之树上相距甚远的生物体。这些生物体中有两种酵母，其中一种是我们非常熟悉的啤酒酵母，每种酵母的基因组中都有数百个孤独基因。这些物种最近的共同祖先生活在 10 亿年前。从那以后，它们和它们的基因组分别进化。在 10 亿年的时间里，一个基因组会发生很多变化。每一个 DNA 字母都有可能受到突变的影响，而且不是一次，而是很多次。许多基因可能被复制过了，还有许多基因在丧失功能时被删除了。考虑到这些物种分离的时间，以及基因组随着时间的推移而发生的变化，每个物种都会产生许多孤独基因也就不足为奇了。每一个孤独基因都有可能存在于这些物种的共同祖先身上，只不过后来在某一个物种身上变得面目全非或被删除了。

不过，这种说法并不适用于近亲物种。它们的共同祖先生活在距今较近的时代，自它们分道扬镳之后，它们的基因组只积累了少量的点突变或DNA缺失。因此，它们的基因组应该是相似的。事实也确实如此。这是基因组进化的另一个一般原则，即两个物种的亲缘关系越近，它们的基因组就越相似。出于同样的原因，人们可能会推测亲缘关系更近的物种拥有的孤独基因更少，那些在几百万年前才分化出来的物种的亲缘关系最近，它们的基因组中可能根本不存在孤独基因。

这个推测是错误的。在近亲物种中，孤独基因的数量确实很少，但是不会为零。即便是在亲缘关系最近的物种中，也存在着多个孤独基因。例如，研究人员对12种酵母的基因组进行测序之后发现，尽管有一种酵母是在不到500万年前才从啤酒酵母中分离出来的，但啤酒酵母中仍然有100多个孤独基因。在其他物种中也是如此，一大批亲缘关系很近的物种的基因组陆续完成了测序，结果显示孤独基因依然大量存在。[16]

后来，在对亲缘关系非常近的多个果蝇物种的基因组进行比较分析时，研究人员发现许多孤独基因确实是全新的基因，这项发现轰动了学术界，围绕着孤独基因的谜团终于解开了。[17]研究人员观察到，有一个物种的许多DNA片段转录成RNA，其他许多物种则没有。这些新的转录物中有许多还包含一个开放阅读框，即由多个字母三联体分隔开来的、以开始信号和停止信号编码蛋白质的模式。[18]

在这些新转录的基因中，有许多个在其DNA文本中比在其他非转录区域分化得慢一些。这一点很重要，意味着自然选择在这些新的转录物中所能容忍的突变比在其他基因组区域要少。换句话说，这些转录物对果蝇来说很重要，即便我们可能不知道它们到底发挥着什么作用。[19]事实上，有些新基因不仅很重要，而且是必不可少的。当研究人员利用基因工程技术关闭了它们的转录，缺乏这些转录物的果蝇就死了。[20]

若想进一步了解雅各布对新生基因的绝对否认错在何处，我们还要考虑到一点，即果蝇和其他许多生物体的基因组不仅包含基因，还包含大量非编码 DNA，这些 DNA 不编码任何蛋白质。例如，果蝇的基因组由 2 亿个字母组成，其中 80% 的字母不编码蛋白质。在由 30 亿个字母组成的人类基因组中，高达 98.5% 的字母不编码蛋白质。[21] 许多非编码 DNA 也被称为“垃圾 DNA”，它们来自古老的假基因和有缺陷的可移动 DNA。随着时间的推移，非编码 DNA 可以自由地产生无数突变。这些突变不仅消除了 DNA 与其他基因的相似之处，还实质性地创造了随机的 DNA 字符串。[22]

雅各布当年既不知道这种垃圾 DNA 的数量如此之大，也不知道其随机 DNA 字符串对进化有着巨大的影响。最近的一项巧妙的实验可以说明这一点。在这项实验中，麻省理工学院的研究人员使用了基因工程技术，将 40 种随机 DNA 字符串连接到一个大肠杆菌基因上。每一个字符串大约有 100 个字母那么长，先由计算机生成，然后在实验室里合成。这些字符串取代了通常帮助大肠杆菌转录这种基因的天然 DNA。研究人员想知道，这些随机的字符串能否代替自然的字符串来开启基因的转录。有人可能会认为，这是不可能的，因为随机 DNA 必须包含转录所必需的 DNA 调控单词中的一个。在这种情况下，开启基因转录的可能性有多大？

事实上，可能性并不小。10% 的随机 DNA 片段帮助开启了基因的转录。值得注意的是，在大约一半的随机 DNA 字符串中，只要再有一个随机字母发生变化就足以启动基因的转录。[23]

要想理解为什么随机 DNA 可以帮助开启基因的转录，我们必须知道，细胞不是只产生一种调节蛋白，而是会产生几十到几百种调节蛋白。每一种调节蛋白都能识别并结合多个 DNA 单词。[24] 不同的调节因子识别不同的单词，调节不同的基因。因此，一种允许新转录的突变不需要产生一个特定的 DNA 单词，只需要创建至少有一个调节因子能够识别的数千个单词中的一个。

前文提到的那项大肠杆菌实验证明了，许多随机 DNA 片段可以开启转录，而且大多数其他 DNA 片段只需发生一次突变就能拥有这种能力。这些随机的 DNA 序列都不长，它们总共只有 100 个字母。一个 DNA 片段越长，就越有可能偶然拥有这样一个单词，或者一个字母发生变化就能创造出这样一个单词。在果蝇基因组的 1.6 亿个非编码 DNA 字母中，这样的单词有几千个，而且新的突变也必定不断产生新的单词。果蝇的新生基因所经历的就是这种激活突变。[25]

这一切意味着新转录的随机 DNA 并不是不可思议的，甚至不是不合理的。相反，它是完全有可能的。不过，转录本身并不能产生蛋白质编码基因。那么，开放阅读框呢？随机的非编码 DNA 包含一个由三个字母组成的翻译开始信号，以及一个由三个字母组成的停止信号，这两者之间又被由三个字母组成的正确的三联体分隔开来，这种情况难道不是极不可能出现的吗？

这个问题用计算机来回答其实非常容易。计算机可以生成 DNA 的四个字母 A、C、G、T 的长长的随机序列，然后扫描它们，以寻找开放阅读框。你瞧，这样的随机序列中存在大量的开放阅读框。这些随机序列通常比真正的基因短一些，但是也不算很短，如果真被翻译，许多随机序列都可以编码 60 ～ 150 个氨基酸那么长的蛋白质。[26] 事实上，真实的基因组的 DNA 也包含了大量开放阅读框，即潜在的基因，其数量远远超过了实际的基因。例如，啤酒酵母的基因组包含了 6 000 个基因，这些基因包含的开放阅读框则超过了 26 万个。[27] 果蝇有 1.5 万个基因和 60 多万个开放阅读框。人类只有不到 2.5 万个基因，却有惊人的 1 350 万个开放阅读框，也就是说，在人类的 DNA 文本中，每 250 个字母就对应着一个开放阅读框。[28]

基因组包含了大量非编码 DNA，有数百万到数十亿个字母。在基因组中，开放式阅读框比比皆是，因而新的转录很容易进化。总而言之，这些事实向我们展示了一条通往新基因起源的清晰路径。实际上，这相当于一条十车道的高速公路。第一步，某个 DNA 发生突变，为转录因子创造新的结合，这种突变在非编码 DNA 的大片段中经常发生。当一个这样的突变触发了新的转录时，转录的 RNA 很可能已经包含了一个开放阅读框。一个新的基因就这样被创造出来了。

这个基因编码的蛋白质本质上是一串随机的氨基酸。这个字符串能够发挥作用的概率是多少？这个概率可能非常小，但不会是零。我们能够知道这一点，是因为一些新生蛋白已经得到了深入的研究。它们能够帮助果蝇从爬行的幼虫蜕变为会飞的成虫，还能帮助酵母细胞修复 DNA 突变，也有助于水稻抵御细菌性疾病，甚至可以帮助鱼类在极低的温度下生存。[29] 遗憾的是，对于大多数已经派上了用场的新生蛋白，我们至今不知道它们的目的。这是因为我们最近才发现它们，还没有机会深入研究它们，至于其他蛋白质，我们已经研究了几十年。

许多基因工程实验都得出了相同的结论，即随机的蛋白质也有可能发挥作用。多肽是一种非常短的蛋白质，在一项这样的实验中，研究人员制造出了许多种多肽，每种多肽由从 20 种氨基酸中随机选出的 5 种氨基酸组成。他们发现，在这些随机多肽中，有几种能够帮助大肠杆菌对抗抗生素并存活下来。在另一项实验中，长度为 20 个氨基酸的随机多肽帮助细菌在氯化镍这种致命的毒素中存活下来。[30] 随机多肽确实能发挥作用。

与这些人造多肽一样，许多天然的新生蛋白质也很短。[31] 这种短的蛋白质通常不会折叠成酶所具有的有序的三维形状。这并不是一个问题，许多没有折叠成这种形状的蛋白质也能发挥作用。在这种无序的蛋白质中，全部或部分氨基酸链可以自由地翻转、摆动和起坠。这种灵活性有助于这类蛋白质完成工作，例如帮助它们捕获其他受损的蛋白质并回收其中某些部分。对这种收集“垃圾”的蛋白质来说，灵活的氨基酸链可以帮助它们捕获“猎物”，就像章鱼灵活的触手可以诱捕猎物一样。[32] 概括来说，短蛋白可以执行许多重要的任务，比如帮助调节微生物代谢、塑造植物叶子或形成动物皮肤等。[33]

雅各布认为基因从来不是从零开始创造出来的，虽然这个观点是错误的，但是他的直觉告诉他，渐进变化对进化很重要，而这个观点是完全正确的。这也适用于新生基因，尽管雅各布并不知道新生基因的存在。与进化和人类的许多创新一样，新基因的形成和完善也可以缓慢进行。我在前文已经提到了第一步。这些 DNA 突变将一个惰性 DNA 片段转化为一个可转录成 RNA 的 DNA 片段。[34] 一个新的 RNA 转录物可能不会编码蛋白质，但是它具有其他功能。转录物的作用绝不仅限于帮助制造蛋白质。一些 RNA 分子能够帮助开启或关闭其他基因，另一些则有助于保护生物体免受病毒侵害，还有一些能够帮助雌激素等激素发挥作用。大多数基因组会转录数千个 RNA 分子，后者不会被翻译成蛋白质，但仍能发挥作用。

新基因诞生的第二步是突变。这些突变能在那些尚未包含开放阅读框的转录物中创建一个开放阅读框。这样的转录物很少，因为即便在随机 DNA 中，开放阅读框的数量也很庞大。

大多数新基因很少会被转录，也许在细胞的一生中只有一次，但是如果新基因是有用的，那么频繁地转录它们会更好，这将有助于产生更多有用的 RNA 或蛋白质。实际上，随着基因在数百万年的时间里诞生、存活和衰老，它们的转录频率会越来越高，这要归功于基因调控 DNA 的突变。这种 DNA 包含着调节蛋白结合并触发转录的单词。[35] 每一个调节因子都能或强或弱地与其调控 DNA 结合。强结合意味着频繁转录，弱结合意味着很少转录。当结合较弱时，这些调节因子很容易通过能够产生更强的 DNA 单词的突变而得到加强。一个或几个这样的突变通常就足以启动基因的转录。

第三步是延长一个新生基因。虽然短基因和小蛋白质或许能够发挥作用，但是更长、更复杂的蛋白质通常更有用，它们可以更高效或更灵活地完成工作，就像收音机一样，如果可以调节音量、换台、听立体声或设置闹钟，当然比只有一个开关按钮要好。事实上，新基因逐渐变老时也趋向于变长，所需要的只是突变，这些突变能够改变其中一个停止信号，以翻译成另一个由三个字母组成的单词。[36] 核糖体会直接从这个单词开始继续翻译，直到到达 DNA 碰巧包含的下一个停止信号。

能够产生新的转录物的突变、提高转录的频率、创造新蛋白质并延长其长度，这三个步骤中的每一步看上去都很小，但它们合在一起就能创造出一种长长的、复杂的、丰富的蛋白质。除非你知道自然选择可以保存每一小步，而且只要这一步能提升生物体的生存能力，否则你根本无法想象这种蛋白质的起源。雅各布不知道也不可能知道这些步骤有多么简单，到了基因组时代，我们才知道进化的 DNA 作坊是多么庞大。

## 成功的基因并不是独自成功的

从微小的细菌到巨大的大象，从眼睛和大脑等复杂器官到构成一个细胞的数十亿个分子，我们都能清楚地看出生命的起源有多复杂，这一点似乎让人难以置信。我们对生命起源的理解可以归结为，我们需要理解通向每个物种、每个器官和每个分子的单个小步骤。多亏了基因组学，新的基因和蛋白质的起源才清晰地展现在我们面前。我在本书中描写这些小步骤主要是出于另一个原因，那就是它们在生命复杂性的最小尺度上体现了一条原理，即大自然创造的东西远远超过了它实际使用的东西。从恐龙时代哺乳动物的起源，到早在属于它们的时代到来之前就出现的人类发明，这个原理都适用。

新基因当然也不例外，下面给出另一条线索。我在前文已经提到过，在人类的基因组中，编码蛋白质的 DNA 非常少，大约只占所有 DNA 的 1.5%。我没有提及的是，剩下的大部分 DNA（大约占 80%）都是转录的。转录部分大约有 5.8 万个转录物，是蛋白质编码基因的 3 倍多。[37] 换句话说，细胞疯狂地转录它们的 DNA，远远超出了它们对蛋白质的需求。

虽然其中一些转录物是有用的，但是大多数这种分子“涂鸦”是没有意义的，因为大多数转录物对生物体没有什么好处可言。我们知道这一点，是因为那些可以改变或消除这些转录物的突变不会造成损害。如果这些转录物会对生命产生影响，那么这样的突变中至少有一些应该会影响生命，但是事实并非如此。基于此，基因组学家认为这些转录物的 DNA 进化是中性的。这意味着生命可以容忍自身 DNA 的所有突变，并且可以将这些突变一代一代地传递下去。在人类的基因组中，中性 DNA 至少占 85%，它们的转录没有任何用途。[38] 进化对中性 DNA 所做的事情，就像一位作家写了一篇长达数百万页却没人愿意读的文章。

大约 25% 的被转录的 DNA 会编码蛋白质，但是即便是这种 DNA，大部分也是无用的。[39] 它们所编码的蛋白质在进化上是中性的，这个事实告诉我们，它们的目的并不是维持生命。虽然这些蛋白质并不都是最近才产生的，但是最近产生的蛋白质在进化上也是中性的。例如，当研究人员对家鼠体内的 700 多种新蛋白质展开研究时，他们发现其中 2/3 在进化上都是中性的。[40]

如果这些蛋白质无法证明自己有助于维持生命，那么突变迟早会破坏它们的开放阅读框，或者破坏它们的调控 DNA，又或者破坏这两者。突变破坏它们就像创造它们一样容易。事实上，这种情况迟早会发生。例如，研究人员在一种家鼠中检测到 388 个转录物，其中 30 个在与这种家鼠有亲缘关系的小鼠物种中不存在，其中 40% 在家鼠的远亲大鼠中不存在。大鼠是在 1 000 多万年前从小鼠谱系中分离出来的，这是一个适度的进化时间跨度。在大鼠谱系中，许多这样的转录物都被突变破坏了。[41]

我们也知道，大约一半的小鼠基因组是被转录的，但在不同种类的小鼠中，被转录的基因组是不一样的。在测量进化时间的数百万年里，进化非常迅速地开启和关闭了转录。[42] 如果小鼠基因组的任意一部分在任何时候都没有被转录，那么在仅仅 100 万年之内，一些突变就会触发它的转录。如果某个部分被转录了，但是这个转录是无用的，那么它的转录不会持续下去。一旦新的突变破坏了它的调控 DNA，它就不再被转录。换句话说，随着时间的推移，大自然在它巨大的非编码 DNA 作坊里对每一件工具和小玩意都进行了实验。与人类的寿命相比，这是一段漫长的时间，但从进化的角度来看，这只是很短的时间。

与人类的作坊中闲置的垃圾相比，基因组中的垃圾 DNA 不会一直闲置，这可能是两者之间最大的区别。突变会无情地改变垃圾 DNA 的字母序列，并创造出会不断更新的分子字符串。有一些突变会触发 DNA 的转录，并为 DNA 创造一个机会，让它在生命对新事物和有用事物的永无休止的追求中证明自己的能力。

我们可以把一个基因组想象成一串装饰用的圣诞彩灯，它可能长达几千千米。再想象一下，在这个基因组中，如果只有转录部分会被点亮，那么你可以观察几千年来基因组进化过程中各个基因是如何闪烁和熄灭的。几千年过去了，你会看到有成千上万的新区域在闪烁。它们就像修补匠的发明，编码可能有用的新 RNA 或蛋白质分子。然而，这些新区域中的大多数都是无用的，于是很快就会熄灭，就像大多数人类发明会失败一样。只有少数有用的基因会一直发光，甚至在这少数基因中也有一些会在一段时间后再次变暗。它们已经过时了，就像曾经大获成功的发明被新的发明取代一样。[43]

一个基因发挥作用的时间越长，它长时间保持活跃的可能性就越大。一小部分基因存活了数千万年乃至数亿年，它们是最重要的基因。[44] 在这一小部分基因中，有一些是所有物种的核心组成部分，其中包括帮助复制 DNA 的基因、创造富含能量的分子的基因或构建细胞的基因，它们就像人类发明的火药、内燃机、电灯等事物一样，因其用途广泛而经久不衰。这些基因就像稳稳矗立的灯塔，永远不会熄灭，而在这些灯塔散发出的光芒周围，大多数灯都闪烁着，有的很慢，有的很快。

虽然本章的主题是基因的起源，但值得指出的是，同样的进化模式也存在于生命的其他分子特征中，其中包括一类控制蛋白质行为的分子开关，这些开关涉及我们在第 4 章中讨论过的微小的磷酸盐分子。

细胞可以将磷酸盐附着在蛋白质上或将其从蛋白质上移除。尽管磷酸盐比很多蛋白质小得多，但是它们可以通过改变蛋白质的形状和活性来改变其功能。磷酸盐激活一些蛋白质，同时关闭另一些蛋白质。它们激活一些调节蛋白，同时关闭另一些调节蛋白。它们可以帮助一些蛋白质组装成更大的机器，同时又会导致其他分子机器支离破碎。

按下这些磷酸盐开关需要特殊的酶，不同的酶专门负责按下不同蛋白质上的磷酸盐开关。一些酶负责黏合磷酸盐，另一些酶则将磷酸盐分离。每一种这样的酶都能识别蛋白质上的特定单词，即由 20 个氨基酸组成的化学字母表中的字母序列，这些字母指示酶将磷酸盐附着在蛋白质上，或将其从蛋白质上移除。换句话说，每个单词都包含一个开关，黏合或分离磷酸盐相当于拨动开关。

与蛋白质的组成部分一样，每一个这样的开关都被编码在 DNA 中，而突变可以改变 DNA。某些突变可以破坏这个开关，其他突变则可以创造一个新的开关。创造新的开关其实很容易，因为这些开关的氨基酸序列很短，与调节基因转录的 DNA 单词一样短。这也就意味着，包括氨基酸的随机序列在内的许多蛋白质已经包含了这样的开关。即便它们不包含，一个单点突变也足以产生一个新的开关。

这些磷酸盐开关的数量非常惊人。想象一个不起眼的微生物，比如啤酒酵母，它的基因组长度还不到人类的 1/100，但它的蛋白质包含了近 4 000 种磷酸盐开关。这些开关的进化反映了新基因的进化。这些开关大都很新，它们是由最近的 DNA 突变创造的。此外，它们中的大多数寿命都不长。在几百万年内，它们就会消失。与大多数基因一样，它们会迅速出现，又很快消失。只有大约 30% 的磷酸盐开关能存活几千万年，而能存活几亿年的只有不到 10%，这不到 10% 的磷酸盐开关是最重要的。[45]

在基因组层面，大自然的发明层出不穷，比如新的基因或新的磷酸盐开关。它们有点类似于人类的发明，很少有一问世就大获成功的，许多都是在一段时间后才成功的，而大多数永远不会成功。在达尔文进化论的“市场”中，它们还没来得及证明自己的价值就被 DNA 突变抹去了。

哪些事件可以唤醒这些在基因组层面上的发明？这至今仍然是一个谜，就像许多发明长时间处于休眠状态，或者大多数发明在被唤醒之前就消失了一样。不过，我们已经找到了一些线索。这些线索来自一些新的、有用的基因，我们已经对这些基因的功能有所了解。例如，有一个基因可以帮助细菌在有毒的镍中生存，另一个基因可以帮助水稻抵抗细菌感染。

这些线索暗示着，一个成功的基因不是仅靠自己就能取得成功的。它只有在合适的时间、地点和环境中才能成功，比如含有镍或某些传染性细菌的环境。换句话说，**不断变化的环境可能对唤醒休眠的基因至关重要。**

有一种生物体的基因组特征进一步说明了这一点。这种生物体很不起眼，用肉眼几乎看不见。它就是水蚤（见图 5-1），属于水蚤属（*Daphnia*）。它确实非常小，我们只能通过显微镜观察它。在它几乎半透明的身体上，你会看到一颗疯狂跳动的心脏，以及几条不知疲倦地蹬着以产生电流的腿。水蚤的身体轮廓就像刚孵出来的小鸡，只不过它的头部长着两个巨大的触角，尾部则有一根尖锐的刺状物。

水蚤广泛分布在营养丰富的湖泊中。它对环境要求不高，而且繁殖迅速，养鱼爱好者常将它当作鱼食。由于水蚤数量众多且易于处理，生态学家利用它来研究化学物质对水生动物的危害。[46] 对基因学家来说，水蚤的研究价值或许是最大的，因为它的基因组有一个显著的特性，即它的 3 万个基因中有 1 万多个是其所独有的。[47] 在这些独特的基因中，有许多是起源于水蚤自身，然后复制一次、两次或者多次，最多可达 80 次。自那之后，许多基因开始分化，最终分别执行不同的新任务。

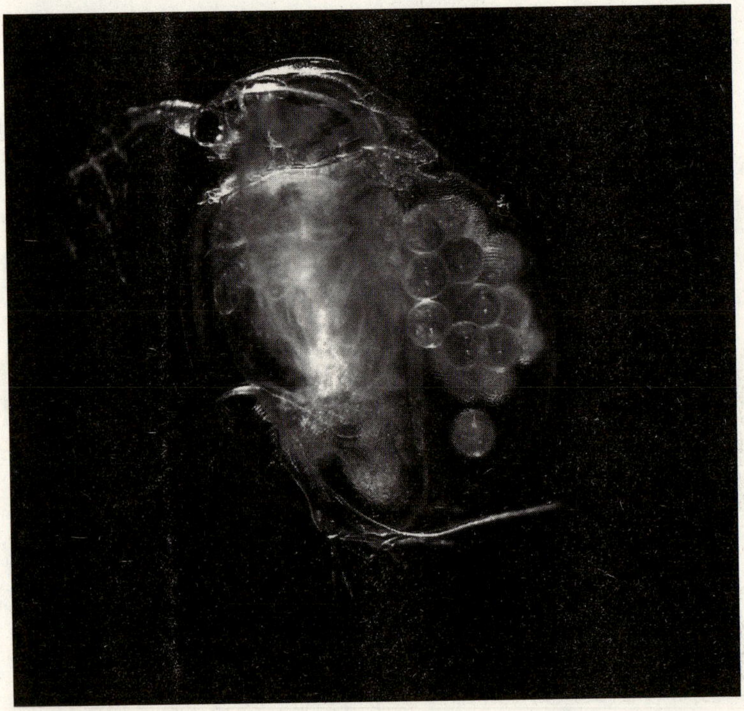

图 5-1　水蚤

如果我们想了解新基因的作用，水蚤的基因组就拥有极高的研究价值，因为它包含了数千个新基因。为了探究这些新基因的作用，研究人员开展了一项复杂的实验，该实验包含的信息量非常大。他们将水蚤暴露在多种环境中，包括富含锌、镉和砷等有毒重金属的环境，缺氧的环境，紫外线辐射强烈的环境，以及存在着感染性细菌、掠食性昆虫或爱吃水蚤的鱼等水蚤的天敌的环境。研究人员会详细记录每种环境中水蚤的哪些基因得到了活跃转录。如果一个基因在某种环境中有活性，而在另一种环境中没有活性，那就表明这个基因在前一种环境中能发挥作用，这是因为生物体是根据自己的需要来调节基因的。在某种环境中很活跃的基因通常能使该环境中的生物体得以存活，或者提升它的生存能力。研究人员发现，在大多数环境中，最活跃的基因是新基因。

新基因与不断变化的环境之间的这种联系并不难理解。环境一直在变化，白天又热又亮，晚上又冷又暗。捕食者和猎物来了又去，各种各样的营养物质、毒素和其他化学物质被消耗后会得到补充，随后又有可能被雨水冲走或被阳光降解。与混乱的外部世界相比，细胞内部的变化很小。细胞在漫长的进化历程中幸存下来，其目标是保护生命，将脆弱的分子与混乱的周遭环境隔绝开来。一位有冒险精神的航海家不能一直待在宁静的家乡，而要去探索遥远的异国他乡，类似地，一个新的基因需要找到机会来证明自己与混乱的外部世界的联系，而不能只守在它诞生的地方。即便一个新基因在进化过程中只存在很短的一段时间，这段时间也可能会持续数千年，在此期间，环境变化了数千次，甚至数百万次。环境的每一次变化于这个新基因而言都是一份礼物，一个证明自己有价值的新机会。

**与我们讨论过的其他创新一样，一个基因的价值不仅来自它的某些内在品质，还来自它诞生的世界，一个生物体无法控制的世界。**由于基因组十分庞大，进化又不断地创造新的基因，基因组学可以量化新基因成功的频率，这正是基因组学的美妙之处。我们以人类的基因组为例来说明这一点。自从人类与黑猩猩分离以来，进化产生了将近 800 个新的转录物。它们中有许多会再次死亡，有一些可能会长期处于休眠状态，到目前为止，只有极少数被证明是有用的，有人计算出只有 6 个。[48]

在前几章中，我们一直在自然界的等级体系中向下探索，从古老的鸟类这样的有魅力的生物出发，最后来到亚微观的基因世界。从第 6 章开始，我们将向上探索，进入文化世界，从使用工具的动物的简单物质文化到现代文明的复杂文化，我们将会发现同样的原则在不同的文化中发挥着作用。人类不断地提出新思想，创作新的艺术作品，发明新事物，但是其中有许多在历史记录中几乎没有留下痕迹。如果它们最终没有获得成功，那么它们很快就会被遗忘。在人类的思想世界里，成功同样是罕见的，休眠、死亡或垂死的发明比比皆是，就像在基因的分子世界里一样。这两个世界的相似之处还在于，今天的失败者有可能成为明天的赢家。

## 唤醒创新睡美人
Sleeping Beauties

1. 进化不是飞跃向前，而是小步前进。在迈出下一步之前，之前的每一步都必须保存下来，这是自然选择的关键任务。

2. 进化创造出的东西常常比它所需要的更多。这是因为大多数新基因诞生之后都处于休眠状态。早在帮助生物体维持生存之前，它们就出现了。

3. 一个成功的基因不是仅靠自己就能取得成功的。它只有在合适的时间、地点和环境中才能成功。换句话说，不断变化的环境可能对唤醒休眠的基因至关重要。

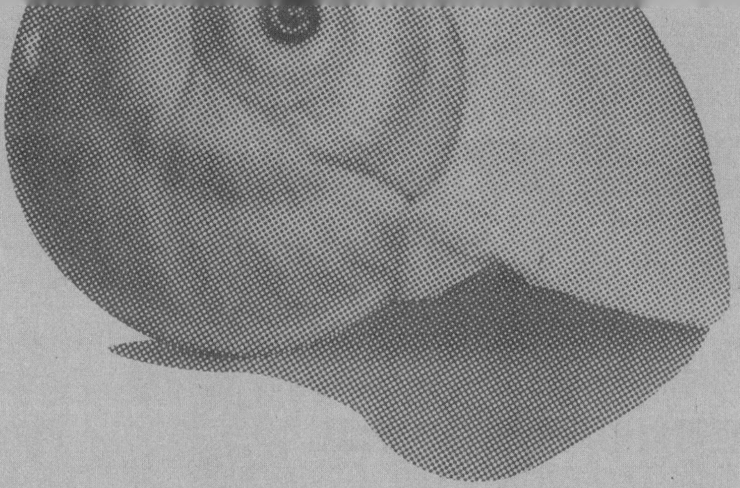

# Sleeping Beauties

# 第二部分　文化领域的睡美人

“睡美人”不仅存在于艺术领域，

也存在于技术、科学、数学等领域，

甚至可以追溯到生命的起源。

---

Sleeping Beauties

Sleeping Beauties

第 6 章

# 动物的工具创新由环境决定

在古罗马角斗士中，有一类被称为“网斗士”，他们的装备是手抛网、三叉戟和匕首。在面对身披重甲、手持盾牌的全副武装的对手时，如果他们的速度不够快，如果没有那张至关重要的网，他们是无法获胜的。在决斗中，他们会将那张网扔向对手，把对手缠住，然后击倒对手。当然，网斗士并不是最早使用这种战术的战斗者。早在数百万年前，热带地区就出现了一种名为鬼面蛛（*Deinopis*，见图 6-1）的蜘蛛，它们会用黏性很强的蜘蛛丝编织出一张不寻常的矩形蛛网。鬼面蛛不会像我们熟悉的圆网蜘蛛（orb-weaving spiders）那样潜伏在网上被动地等待猎物送上门。它们是夜间捕食者，悬挂在一根垂直的丝线上，并将网夹在双腿之间。当毫无戒心的猎物从下方经过时，它们就会把网撒到猎物身上，缠住猎物，使其动弹不得。正因如此，人们给这种蜘蛛取了一个常用的别名——“角斗士蜘蛛”（gladiator spiders）。实至名归！

100 多年前，德国心理学家沃尔夫冈·苛勒（Wolfgang Köhler）证明了圈养的黑猩猩能够巧妙地利用棍棒、盒子和其他工具来获取食物，现在我们已经知道，那些远不如黑猩猩聪明的动物也能制造和使用工具。一只身长两三厘米、头部比针头还小的蜘蛛就可以做到这一点，许多没有黑猩猩那么复杂的物种也可以做到。例如，蚂蚁会搬起石头砸向其他蚁群的巢穴入口，以阻止那些蚁群的成员出去觅食。在地下洞穴中产卵的黄蜂会用小石子敲打洞口的土壤，使其变得光滑，并掩蔽洞穴。海胆会用贝壳碎片、藻类或石头装饰自己的身体，它们不是想用这种“华丽的服装”给其他海洋动物留下深刻印象，而是为了伪装。章鱼将这种伪装提升到了一个新的水平，它们会爬进一个沉入海底的椰子壳的下半部分，并用上半部分遮住自己，以伏击猎物。海獭会用海藻包住捕获的螃蟹，不是为了做寿司，而是为了防止螃蟹跑掉。海獭还学会了一个技巧，即仰躺在海水里，把一块石头放在自己腹部作为砧板，然后将贻贝往石头上砸，砸碎后就可以享用里面的肉了。更重要的是，海獭会将这块石头储存在腋窝附近的皮肤口袋中，于是这个口袋就变成了一个工具箱。另一个有趣的例子是，生活在泰国佛教圣地附近的长尾猕猴学会了将人的头发作为牙线来剔牙。[1]

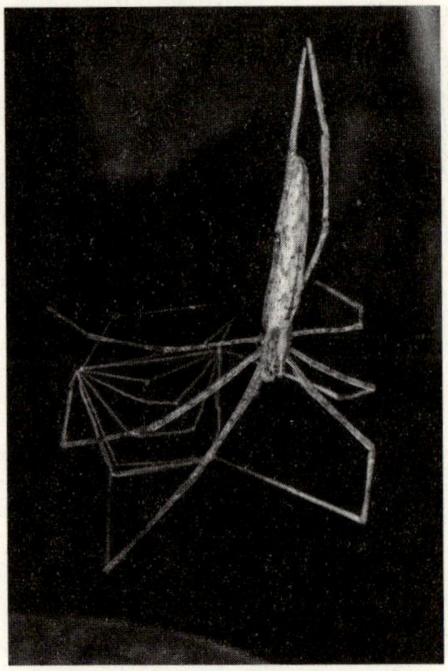

图 6-1 鬼面蛛

工具是使用者为了实现某一目的而操纵的物品，使用者必须拥有聪明才智。长期以来，人们认为只有人类才拥有聪明才智。[2] 然而，这种观点不过是人类的自我奉承，如果有人需要一点安慰，那么我们可以说人类的工具在某些方面更胜一筹。比如，石头制成的锤子是一种简单的工具，其技术含量远不如手提钻高。此外，动物只能依靠重力和自身的能量来驱动所使用的工具，而人类还能利用风能、太阳能、化石燃料和核能。虽然这样的区别将继续存在，但随着我们对动物的聪明才智的了解越来越深入，其他许多区别正在消失。例如，人类曾经被认为是唯一能够使用工具制造其他工具的物种，现在，这种观点被推翻了，髯毛卷尾猴会先用石片将树枝削成适当的形状，然后用树枝从树洞中挖出虫子。[3]

我们在前几章讨论的生物进化层面的各种创新之间差别极大，就像新的动物身体结构与新的基因一样，但是这些创新都来自一个共同的基底，那就是 DNA 以及它通过突变发生的变化。在本章和第 7 章，我会从动物制造的简单工具讲起，最终讲到最复杂的人类创造物。它们的多样性不亚于进化创新，而且它们也来自一个共同的基底，那就是被人们称为神经系统的复杂神经元网络。文化创新就是随着这些神经元放电模式的不断改变而涌现出来的。

神经系统是生物进化的产物，一旦被创造出来，它们就改变了创新游戏的规则，并帮助生命从生物学的束缚中解脱出来。只需将它们发生变化的速度与 DNA 突变的速度稍做比较，我们就可以明白这一点。在人类基因组中，一个 DNA 字母在任意一年内发生突变的概率都低于十亿分之一。[4] 人类能够不断进化，只是因为基因组中的 DNA 字母数量庞大。相比人类，细菌进化得更快，部分原因是它们庞大的种群孕育了众多满怀希望的发明家。然而，即便是细菌，也需要几天或几个星期才能“构想”出新的生存技巧。相比之下，神经元的放电模式可以在几毫秒内发生变化，从而产生新的动物行为或人类想法。

当然，神经系统的作用远不止加快创新的速度。一旦神经系统创造了一种新事物，后者的传播就不需要依赖缓慢的自然选择过程，这个过程可能会持续几百年。它可以通过一个更快的过程进行传播，我们已经可以在动物制造简单工具所使用的技术的发展中观察到这一过程。

关于这一过程的重要线索主要来自那些习惯性使用工具的物种。例如，生活在坦桑尼亚马哈尔地区的大多数黑猩猩用棍子捕食蚂蚁，美国加利福尼亚州 90% 的海獭会用石头砸碎蜗牛或贻贝的壳，印度尼西亚婆罗洲库泰地区的大多数猩猩把树叶当餐巾来用。[5] 猿类和海獭是截然不同的动物，它们都拥有复杂的社会生活。一个群体中的个体会相互观察，一旦某个个体发现了树枝、石头或树叶的新用途，其他个体就会模仿。[6] 这种社会学习能力在很大程度上解释了这些物种广泛使用工具的原因。

在 2005 年的一项实验中，安德鲁·怀滕（Andrew Whiten）及其合作者设计了一种装置，让黑猩猩可以学会用一根棍子去取出一小块食物。这项实验证明了社会学习的力量。接着，研究人员从 17 只黑猩猩中选出一只，并训练它使用这个装置。当然，他们并不是随便选了一只黑猩猩，而是选择了在群体中社会地位较高的一只雌性黑猩猩。在动物世界中，这样的个体具有巨大的影响力，是其他个体学习的榜样。相较于地位低下的年幼者，这些个体更有可能去追随掌握了技术的领导者。在人类社会中也一样，大多数人更关注的是一位获奖的顶尖科学家的发现，而不是博士新生的发现。[7]

等到那只被选中的黑猩猩通过训练变成了用“戳棍法”获取食物的专家，研究人员就让它重新加入原来的群体，并让其他成员都有机会使用这个装置。在几天之内，它所掌握的知识就传播开来，其他大多数黑猩猩也学会了利用这个装置获取食物，社会学习在其中起着至关重要的作用。随后，研究人员把这个装置给了第二组黑猩猩，但是没有对其中任何一只黑猩猩进行训练。结果发现，这个群体中没有一名成员知道怎样才能得到食物。[8]

正如同一组研究人员通过另一项实验所证明的那样，社会学习也会产生不可抗拒的社会压力。他们为那个装置配备了第二种获取食物的方法，不是用一根棍子去戳戳点点，而是用它去撬起装置的某一部分，即“撬棍法”。研究人员从第三个群体中选出一只黑猩猩进行训练，让其掌握这种撬棍法，然后让这个新专家回到它所在的群体，结果发现大多数个体很快就学会了撬棍法。值得注意的是，尽管这个群体中的某些个体发现了“戳棍法”这种技术，但是它们最终放弃了自己的发现，转而像大多数个体那样学会了撬棍法。换句话说，这些个体表现出了从众性。与许多人类个体一样，它们倾向于模仿大多数个体的行为。

## 利用工具的技能被发现了不止一次

动物还能通过社会学习创造出代代相传的知识传统。这些传统类似于人类传承的工艺，如木工工艺或石匠工艺。在这些工艺中，技能是由师傅传给学徒的，并代代相传。[9]我们以巴西卡皮瓦拉山国家公园里的髯毛卷尾猴为例来进行说明。它们的知识传统是用石头制成的锤子敲开腰果和其他有坚硬外壳的食物的技艺。科学家在髯毛卷尾猴经常聚集的一个地方进行了考古挖掘，发现了这种石锤的遗迹，它们揭示了一种用石锤砸坚果的传统。这种传统可以追溯到数百代髯毛卷尾猴之前，也就是2 400多年前。换句话说，早在哥伦布发现美洲大陆很久之前，这个种群的髯毛卷尾猴就开始用石锤敲坚果了。[10]

动物甚至能通过社会学习学会其他物种所掌握的技能，并产生惊人的结果。这方面的一个典型例子是一只雌性猩猩在动物复健营里学会了很多技能。所谓动物复健营，是指人们创建的一种动物营地，目的是让那些因森林砍伐变成孤儿的动物，以及因非法买卖变成宠物的动物重新适应森林生活。据一位观察者说，这只猩猩学会了如下技能：

> 钉钉子、锯木头、磨斧头、砍木头、用铲子挖洞、抽吸燃料、打扫门廊、粉刷建筑物、抽水、吹吹枪、固定吹枪镖、点燃香烟、（几乎学会了）生火、洗盘子、洗衣服、从防空壕沟里打水（尽管摇来晃去）、穿靴子、戴眼镜、梳头、用纸巾擦脸、用遮阳伞遮阳、给自己涂抹驱虫剂。[11]

既然猩猩拥有这种天赋，社会学习对野生猩猩非常重要也就不足为奇了，它们会利用工具从树洞里获取蜂蜜、蚂蚁或白蚁。正因如此，相比小群体中的猩猩，大型群体中跟着觅食团队探索森林的猩猩更常使用工具。大型群体为社会学习提供了更多的机会。[12]

社会学习非常重要，因为它能推动创新的传播，远比通过自然选择传播快得多。不过，一项创新在传播开来之前，必须先有动物发现它。在这里，我们再一次面临着以前遇到过的一系列问题。

第一个问题是，工具的发现到底是容易，还是很难？第二个问题是，是同一物种的个体反复发现相同的工具，还是这些发现都是独立的事件？是章鱼界的“爱因斯坦”发现了如何把自己藏在椰子壳里吗？是猴子界的“阿基米德”发现了用石锤砸开坚果的方法吗？

一些工具的创新看起来确实很难。例如，非洲的许多黑猩猩种群会用石锤砸开坚果，但是生活在加蓬的黑猩猩没有掌握这门技能。原因不可能是缺少坚果，它们生活的地方坚果很丰富；也不可能是缺少石锤和石砧，在它们生活的地方，这些东西也很多。[13] 有一个例子更能说明问题，在科特迪瓦，有两个比邻而居的黑猩猩种群，其中一个种群的黑猩猩会用石锤砸开坚果，另一个种群的黑猩猩却不会，尽管它们的领地内都有丰富的坚果和大量的石头。这两个种群被萨桑德拉河分隔开，一个种群的个体无法进入另一个种群。这两个例子都暗示着，黑猩猩并不是反复发现用石锤砸开坚果的方法。相反，它们很少发现这种方法，一些种群甚至从未发现过这种方法。这或许是因为用石锤砸开坚果并不是一项简单的技能。黑猩猩需要经过 4 年的练习才能学会正确使用石锤砸开坚果的方法。[14]

这样的例子让我想起第 1 章中那些只出现过一次、为数不多、独一无二的进化创新，比如沙漠植物百岁兰的大叶子，这种叶子可以从雾气中吸收水分。也许就像那些例子一样，用石锤砸开坚果这种技能是个例外，因为其他许多工具技能更容易被发现。有一项研究的结果就体现了这一点，这项研究的对象是 9 个非洲黑猩猩种群的工具技能，这些黑猩猩种群生活在从西非的塞内加尔到东非的坦桑尼亚的广大地区。这项研究调查了 11 种工具技能，比如，将棍子当作击打棍棒来使用、从白蚁巢里钓白蚁、用带着很多叶子的树枝把讨厌的苍蝇赶走等。每一个黑猩猩种群都掌握了这些技能中的一种或多种，但掌握了同一种技能的不同种群并没有覆盖一块连续的领地，而是构成了一个拼图的形状，这一点非常重要。换句话说，每一种技能在相隔数百或数千千米的至少两个黑猩猩种群中广泛传播，但是处于中间的一个或多个种群并没有掌握这种技能。

这种拼图状的分布情况是如何形成的？一种可能是，每种技能只被发现过一次，并在多个种群中传播，但是其中一些种群又将其遗忘了。考虑到社会学习的力量如此强大，只要技能是有用的，这种情况就几乎不可能发生。[15] 更有可能的是，每种技能都被发现过很多次，每次都是被不同的种群发现的。如果真是如此，这些技能就类似于我们之前讨论过的许多进化创新，比如乳胶或臼齿，不止一次在进化过程中出现。

在澳大利亚鲨鱼湾，宽吻海豚所特有的捕猎工具也是如此。鲨鱼湾是一个巨大的水体，面积超过了 8 000 平方千米，长达 1 500 千米的海岸线将整个海湾分成了多个入口。这些入口都有深水通道，里面长满了海绵，正是海绵为海豚提供了捕猎工具。海豚会用脆弱的喙在海底挖掘隐藏的猎物，为了避免喙被磨损，它们会先用喙刺穿海绵，然后挖掘猎物，这样海绵就可以保护喙。[16] 奇怪的是，以这种方式利用海绵的海豚大都是雌性。DNA 测试结果表明，在一个海豚家族中，雌性海豚形成了母系，这个序列从母亲开始，延续到女儿、外孙女等。换句话说，利用海绵捕猎这项技能是由海豚母亲传给女儿的。

利用海绵捕猎的技能已经出现过很多次，因为科学家在相隔 30 多千米的不同海豚种群中都观察到了这种行为，而利用海绵捕猎的雌性海豚很少会游到离它们所在的通道很远的地方。[17] 更重要的是，DNA 测试结果表明，利用海绵捕猎的雌性海豚来自不止一个母系。每一个母系都是由不同的海豚建立的，这些海豚可能在许多代以前就发现了这种新的捕猎方式。[18]

一个关于猕猴的案例也可以说明这种"多次发现"的现象。这种猕猴生活在日本的幸岛。研究人员把红薯放在海滩上，发现一只雌性猕猴可以在干净的水中清洗红薯，而不仅仅是用手擦掉红薯上的泥土，这项新技能很快就在猴群中传播开来。人们可能会认为，社会学习会使这一独特技能更容易被发现，但是事实并非如此，另外 4 个猕猴群体也分别独立地发现了这项技能。[19] 许多猕猴对烹饪艺术的细微之处很敏感，它们还学会了在吃红薯之前把洗干净的红薯浸在盐水里。

这样的创新有助于我们理解为什么它们很容易被发现，答案就是这些创新吸收了其他技能，并且几乎不需要改进。

在发现清洗红薯的方法之前，日本幸岛上的猕猴已经学会了用手擦掉红薯上的泥沙，在水中做同样的事情并不难。事实上，在清洗红薯的时候，这些猕猴经常用一只手将红薯放在水里，另一只手去洗红薯，这个动作和它们用两只手去擦掉红薯上的泥沙一样。[20]

新喀鸦也能够吸收其他技能来创造新工具。它们能从偏硬的香兰叶子上撕下一根细条，在树洞里寻找昆虫时，它们会将这根细条当作棍棒工具来使用，这项技能让它们名声大振。事实上，这项技能是建立在另一种不那么引人注目的技能的基础上的，后者就是新喀鸦能将香兰的叶子撕成碎片，大概是为了捕捉藏在密密麻麻的叶子之间的昆虫。[21] 从撕碎一片叶子到将这些碎片用于实现新的目标，可能并不需要太久。

类似的动物还有蚁狮（ant lion）。蚁狮是一种昆虫幼虫，它们会挖出一个锥形的沙坑作为陷阱，然后潜伏在这个陷阱的底部，随时准备用有毒的钳子袭击落入陷阱的猎物。这个沙坑的坑壁非常陡峭，那些不小心跨过沙坑边缘的蚂蚁都会滑到底部，蚁狮就在那里等着。即便蚂蚁设法爬上了坑壁，蚁狮还有一个巧妙的应对方法。它会甩着头向蚂蚁扔出沙子，蚂蚁不仅会遭到沙粒的轰击，还会在这些沙粒撞击地面时引发的“小雪崩”中再次掉进陷阱。这种技能足够复杂，但是对蚁狮来说也许并不难，它挖沙坑的时候就是通过这种方式将多余的沙粒甩到坑外，从而维护它设下的陷阱。[22]

就像我们在前几章中讨论过的许多进化创新一样，当动物反复发现新的工具技能时，这些技能的发现就不可能很困难。之前的几个例子表明，对现有技能的吸收利用可以让多次发现一项新技能变得更容易。最重要的是，动物展示出了这种多次发现新技能的潜能。我们很容易在圈养动物身上发现这种潜能，因为观察它们比观察野生动物容易得多。

这种潜能在埃及秃鹫身上得到了充分体现。埃及秃鹫广泛分布在非洲东部，喜欢以鸵鸟的巨蛋为食。鸵鸟蛋的壳非常硬，一些向游客开放的鸵鸟养殖场会让游客站在半埋在地下的鸵鸟蛋上，以此来展示鸵鸟蛋壳的硬度。游客在鸵鸟蛋上站一下，通常不会踩碎鸵鸟蛋。为了给游客留下更深刻的印象，导游可能会采取更粗暴的手段，比如，用电钻去钻鸵鸟蛋。

埃及秃鹫自然不知道电钻的神奇之处，在野外遇到鸵鸟蛋时，它们会使用一种更简单的工具，即石头。它们会向鸵鸟蛋扔石头，直到把蛋砸破。很多埃及秃鹫都掌握了这种技能，不仅在东非，连远在南非、以色列和保加利亚的埃及秃鹫都会这一招。

这项技能可能是一个单一的发现，由于这种鸟迁徙的距离非常远，这一发现就通过社会学习的方式传播开来。然而，实验结果表明，这是不可能的。研究人员亲手将两只幼小的埃及秃鹫养大，并且不让它们接触其他秃鹫。一旦幼小的埃及秃鹫知道鸵鸟蛋里藏着食物，它们很快就学会了扔石头砸破蛋的技能。每只幼小的埃及秃鹫都拥有发现这项技能的天赋。这一次，吸收利用一项更简单的技能依旧使得新技能的发现变得更容易。埃及秃鹫经常把小的鸟蛋往地上扔，以此摔破鸟蛋。从扔鸟蛋到扔石头，两者之间的距离并不远。埃及秃鹫的行为确实暗示着，扔石头砸蛋这种技能是从往地上扔蛋这一技能进化而来，因为研究人员还观察到，扔石头的埃及秃鹫更喜欢扔光滑的蛋形石头。[23]

与埃及秃鹫使用的工具相比，加拉帕戈斯啄木鸟使用的工具得到了更深入的研究。加拉帕戈斯啄木鸟会修剪树枝或仙人掌刺，并将它们磨光滑，然后用它们把昆虫从藏身的树洞里掏出来。在一项实验中，研究人员将 6 只加拉帕戈斯啄木鸟幼鸟与其他啄木鸟分开饲养，并给它们一些棍棒让它们玩耍，同时放上几截树干，树干里有美味的甲虫幼虫。每只幼鸟只花了几个星期就学会了用小树枝把甲虫幼虫掏出来，而且它们都是靠自己发现了这项技能。

接着，研究人员将这些单独养大的加拉帕戈斯啄木鸟与另外 7 只这种啄木鸟进行比较，看看它们用棍子掏虫子的熟练程度。那 7 只加拉帕戈斯啄木鸟有机会从精通这项技能的前辈那里学习这一技能。结果出人意料，这两类加拉帕戈斯啄木鸟的熟练程度一样。换句话说，加拉帕戈斯啄木鸟幼鸟不需要向其他鸟学习这项技能，它们天生就拥有发现如何利用棍子掏虫子的能力，它们需要的只是合适的机会。[24]

## 圈养的动物更擅于创新

许多圈养动物表现出了更惊人的天赋。例如，新喀鸦能把树叶变成工具，还熟练地掌握了棍棒的使用和棍棒工具的制造。新喀鸦能够像古老的加拉帕戈斯啄木鸟一样使用和修剪树枝，还可以制作带钩的树枝。考虑到它们没有灵巧的手，只能利用喙和腿，这可不是一件简单的小事。[25]不过，它们的能力并不仅限于此。当它们面对更艰巨的挑战时，它们的能力才真正发挥出来：通过使用一种工具（元工具）来提高另一种工具的有效性。

为了观察动物使用元工具的能力，研究人员组织了一场元工具“挑战赛”，参赛的“选手”是 7 只新喀鸦。每只新喀鸦必须想办法从一个有水平孔的盒子里取出一块肉。由于盒子太深，新喀鸦的喙够不到肉，它们需要用一根长棍子把肉从盒子里挑出来。然而，研究人员给它们的棍子太短了，够不到肉。这个问题似乎无法解决，除非新喀鸦知道聪明的研究人员在附近摆了一个笼子，并在笼子里留下了一根长度正好合适的棍子。然而，问题又出现了，那根长度合适的棍子离得太远了，新喀鸦的喙够不到它。唯一的解决方法是将那根短棍伸到笼子里去戳那根长棍，先把长棍移近些，再把长棍从笼子里拿出来，然后将长棍伸进盒子里，把那块肉移到近旁来。对这些新喀鸦来说，这是一项很奇怪的任务，它们在野外不可能遇到这样的难题。然而，实验结果显示，7 只新喀鸦都解决了这个难题，其中 3 只新喀鸦在第一次尝试时就成功了。[26] 在另一项实验中，新喀鸦要完成的任务更加复杂，它们必须先后使用 3 种工具，先用第一种工具取回第二种工具，再用第二种工具取回第三种工具，最后用第三种工具获取食物，7 只新喀鸦中有 4 只完成了任务。[27]

圈养唤醒了这些新喀鸦的创新潜能，这种情况不只发生在新喀鸦身上。事实上，这种现象非常普遍，甚至有一个专有名称，即圈养偏差（captivity bias）。许多动物被圈养后使用的工具在数量或种类上都比在野外生活时要多，其中包括啮齿动物、大象、猴子和猿。[28] 例如，只有在圈养环境中，髯毛卷尾猴才能学会使用杠杆，长臂猿才能学会扔东西，倭黑猩猩才能学会擦拭液体。我们已经知道，圈养的动物经常与包括人类在内的其他动物生活在一起，并可以通过观察其他动物来习得技能。不过，这并不是它们习得新技能的唯一途径。例如，在上述有关新喀鸦的实验中，每只新喀鸦都很轻松地挖掘出了自己的潜能，而不需要观察其他新喀鸦。

若想了解圈养动物为什么具有这种特殊的能力，我们必须先明白一点：**圈养动物过着“美好的生活”，这对它们释放出创新潜能很有帮助。**它们是按照时间表进食的，也不需要经常回头去看是否有捕食者。因此，它们有足够的精力和时间去做游戏、去尝试，有时甚至精力过剩、时间太多。只要给它们玩具或工具，它们就会玩起来，进而发现新的用途。事实上，“富足的生活”可能比圈养本身更重要，正如日本幸岛上的猕猴种群所表现出的那样。那些猕猴虽然生活在野外，但是有研究人员为它们提供食物。在享用免费食物的同时，它们还会把玩石头，这种行为有助于它们发现新的工具技能。当研究人员不再为它们提供食物时，它们不得不自己去寻找食物，渐渐地，它们就不玩耍了。[29]

有些物种在野外生活时完全不会使用工具，进入圈养环境后很快就发现了工具的用处。白嘴鸦就是如此，它们是乌鸦和渡鸦的近亲。在一项实验中，研究人员准备了一个很深的圆筒，注入一些水，再放进一只蠕虫，白嘴鸦要想办法去吃圆筒中漂浮在水面上的蠕虫。由于水位很低，白嘴鸦的喙够不到虫子。不过，圆筒旁边放着一堆小鹅卵石。白嘴鸦很快就学会了把鹅卵石扔进圆筒，从而使水位上升，直到它们能吃到蠕虫。

早在2 500多年前，古希腊著名寓言家伊索就在寓言《乌鸦喝水》中描述了一只聪明的乌鸦。在这则寓言中，一只口渴的乌鸦把石头扔进水罐里，然后喝到了水。这个故事很可能不是伊索编造的，因为在公元1世纪，古罗马博物学家老普林尼（Pliny the Elder）就描述过一只鸟的这种行为。[30]到了今天，科学研究所能做的不仅仅是证实几千年前的传说。研究人员还发现，圈养的白嘴鸦也很快就能学会其他技能。白嘴鸦学会了通过投掷鹅卵石来把食物砸出来，用棍子去戳猎物，制造钩子来提起篮子，甚至使用工具去获得其他工具。研究人员据此得出结论：白嘴鸦不仅仅是在执行一种使用工具的神经程序；相反，它们表现出了更高的智慧和发现新技能的潜能。当它们生活在野外时，这种潜能处于休眠状态，到了适当的环境中就会被激发出来。

圈养就是一种适当的环境。事实上，即便是在野外，有些环境也比其他环境好一些。为了更好地理解这一点，我们回过头去再讨论一下生活在加拉帕戈斯群岛的啄木鸟。这种啄木鸟以擅长发现用棍棒到处戳的各种技能而闻名。在野外，一些啄木鸟栖息在海岸附近干燥的半荒漠地带，另一些则栖息在海拔较高、湿度极大且郁郁葱葱的云雾林中。相比生活在森林里的啄木鸟，生活在海岸附近的啄木鸟用棍棒到处戳的行为更普遍，原因是海岸附近气候干燥、食物匮乏，这些啄木鸟需要付出更多努力才能谋生。在森林里，食物非常丰富，啄木鸟不需要费力地从树洞里捉虫。[31]

与此类似的是海獭，虽然所有海獭都会利用石头来砸碎猎物，但并不是所有的海獭都会频繁地这么做。相比生活在加利福尼亚州蒙特雷湾的海獭，阿拉斯加阿留申群岛上的海獭使用工具砸碎猎物的频率更低。这似乎很难理解，不过当你了解到带有硬壳的蜗牛、蛤蜊、贻贝或扇贝在蒙特雷湾更加丰富时，你就明白了。[32]

研究人员在观察髯毛卷尾猴后也得出了类似的结论。它们分布在巴西各地，一些种群生活在像稀树草原一样的开阔且树少的草原上，其他种群则生活在森林中。相比生活在森林里的髯毛卷尾猴，草原上的髯毛卷尾猴更常使用石锤和石砧砸开坚果，部分原因是草原上的髯毛卷尾猴在地面上活动的时间更长，所以它们有更多的机会去寻找石头并玩石头。

由于髯毛卷尾猴和黑猩猩一样需要好几年的时间才能学会用石头砸开坚果，这些多出来的机会就显得尤为重要。更重要的是，在一些种群中，石锤非常稀缺，髯毛卷尾猴需要把它们搬到一块更大的石砧上。在这些种群中，髯毛卷尾猴经常用两条腿走路，费力地拖着石锤和坚果去找石砧，以便将坚果砸碎。[33]

## 工具创新在正确的地点和时间才能取得成功

这些例子告诉我们，不同的动物都拥有利用工具进行创新的潜能。它们还告诉我们，这种潜能处于休眠状态，直到被合适的环境唤醒。那么，合适的环境大致是什么样呢？鸟类和猴子是截然不同的动物，对它们来说合适的环境有什么共同点吗？

一个可能的共同之处是食物匮乏。毕竟民间智慧告诉我们，需求是发明之母，也许动物们试图通过创新来摆脱饥饿。

对某些物种来说，这可能是正确的，但是对巴西髯毛卷尾猴来说，情况恰好相反，它们需要大量的机会来使用工具。通过在草原上四处奔跑，它们发现了很多石头，这些石头为它们提供了这种机会。对这些髯毛卷尾猴来说，如果需求是发明之母，那么当水果或昆虫等食物匮乏时，它们应该砸开更多的坚果。然而，事实并非如此。当坚果供给充足时，当它们有更多砸开坚果的机会时，它们会砸开更多的坚果。[34]

对几内亚塞林巴拉的黑猩猩来说，机会也很重要。它们虽然会用工具去捕捉供给充足的军蚁，但是不会用工具去捕食稀有的白蚁。在其他食物匮乏的情况下，它们也不会用工具去捕食白蚁。[35]同样，苏门答腊岛上的猩猩有时会用工具去捕捉树洞里的昆虫，有时则不会这么做。不管饿不饿，只要树洞足够多，它们就会优先使用工具。

对那些使用工具的物种来说，机会可能是发明之母。那些能够唤醒发现新工具的潜能的环境提供了这样的机会。这种机会表现为多种形式，从丰富的工具材料到充足的猎物，再到安全的动物园，等等。[36]

这些例子都说明了工具创新与生物的进化创新存在相似之处。在进化过程中，植食性和次尖这样的创新多次出现，同样，动物也可以多次发现类似的工具技能。换句话说，许多工具的发现并不是一个物种进化史上的单一事件，这样的事件包括在生命史上只发生过一次的创新性 DNA 突变。相反，它们揭示了一个物种的创新潜能。这种潜能通常处于休眠状态，直到被合适的环境唤醒。圈养生活使动物拥有空闲的时间和多余的精力，可以帮助创造这种环境。野外生活也有助于创造这种环境，只要它为动物提供了把玩工具材料的机会。最终，任何工具创新只有在被证明有用的情况下才能成功。只有当充足的猎物使狩猎工具变得有价值时，当丰富的坚果使砸碎坚果的工具变得有价值时，相应的工具创新才能获得成功。**工具创新只能在正确的地点和时间才能取得成功。**

## 唤醒创新睡美人
Sleeping Beauties

1. 动物能通过社会学习创造出代代相传的知识传统。这些传统类似于人类传承的工艺，如木工工艺或石匠工艺。在这些工艺中，技能由师傅传给学徒，并代代相传。

2. 动物甚至能通过社会学习学会其他物种所掌握的技能，并产生惊人的结果。

3. 工具创新与生物的进化创新存在相似之处。在进化过程中，植食性和次尖这样的创新多次出现，同样，动物也可以多次发现类似的工具技能。

4. 工具创新只能在正确的地点和时间才能取得成功。

# Sleeping Beauties

第 7 章

# 唤醒人类的创新潜力

人类的基本能力构成了人类文明的基础。在人类的基本能力中，数学能力尤为突出。数学起源于美索不达米亚地区的贸易和税收活动，虽然它的起源没什么特别之处，但是它早已成为现代技术的基础。更重要的是，有了数学，人类才能阐明各种自然定律，这些定律涵盖的范围极广，小到亚原子粒子的结构，大到浩瀚的宇宙，在时间上则可以追溯到宇宙诞生之初。数学揭示的原理不仅适用于地球，也适用于银河系中的其他行星，以及其他星系中的行星。

因此，科学家想知道人类的数学能力从何而来就毫不奇怪了。他们发现，数学建立在一种古老的天赋之上，在人类历史的大部分时间里，这种天赋都处于休眠状态。与动物发现新工具的天赋一样，这种天赋也是在漫长的达尔文式进化过程中形成的。相较而言，我们对数学起源的了解远远超过我们对动物的工具技能的了解。例如，我们知道数学能力与神经回路有关。神经回路告诉我们，即便是人类文化中最具变革性的创新，可能也要等待数千年才能迎来属于它们的时代。

为了寻找人类的数学能力的来源，心理学家喜欢研究婴儿，原因是婴儿没有接触过数学教育。然而，以婴儿为实验对象是一大挑战，因为婴儿无法告诉研究人员他们的想法或感觉。幸运的是，我们可以用一种迂回的方法来解决这个问题。这种解决方法利用了一个事实，即当婴儿对意想不到的事情感到惊讶时，他们会长时间看着一个特定的场景，比如悬浮在半空中的球或突然消失的木偶。这样的事件违反了连婴儿都能理解的基本物理定律。相关的心理学实验可以在这种理解的基础上展开。

在一项根据这个思路设计的实验中，实验者让一个婴儿坐在木偶舞台前，一只手从侧面伸向舞台，将一只玩具老鼠放在舞台上，然后缩回。接着，舞台上升起一块挡板，将玩具老鼠挡在后面。之后，那只手拿着第二只玩具老鼠再次伸向舞台，并伸到挡板后面，把第二只玩具老鼠放在第一只玩具老鼠旁边，然后又缩了回去。现在，舞台上有两只玩具老鼠，它们都“藏”在挡板后面，不让婴儿看到。

婴儿也许还不会说话，但是他很聪明，知道挡板后面有两只玩具老鼠。随后，实验者偷偷通过一扇活板门把第二只玩具老鼠拿走。因此，当挡板被拿开后，婴儿只能看见一只玩具老鼠。当这种情况发生时，婴儿会感到很困惑，所以他盯着那只玩具老鼠看的时间会比看到两只玩具老鼠时长得多。一只玩具老鼠加一只玩具老鼠应该等于两只玩具老鼠，现在却只有一只玩具老鼠，婴儿知道肯定有什么地方不对。

在一项更简单的实验中，10 个月大的婴儿坐在地板上，一位心理学家把两个不透明的小桶放在婴儿旁边。两个小桶离得足够远，婴儿不能同时够到它们。当婴儿看着它们时，实验者将一块饼干放入第一个小桶，将两块饼干放入第二个小桶。婴儿会伸手去拿第二个小桶里的饼干，或者爬向放有两块饼干的那个小桶。他们知道两块饼干比一块饼干多，这说明婴儿在学会说话之前就已经懂得基本的数学运算。[1]

针对婴儿、儿童和成人的大量实验表明，人类拥有两种计数技能，要么是与生俱来的，要么是在婴儿期发展起来的。这两种能力都是用来量化“数量”（numerosity），即一组物体中物体的数量的。第一种能力可以让我们在没有意识到自己在计数的情况下立即数出少量的物体。这种能力被称为“识数”（subitising），subitising 一词来自拉丁语 subitus，后者的含义是“突然”。在未经训练的情况下，人类运用识数能力最多可以立即数出三四个物体。[2]

第二种能力可以量化更多物体的数量，但是量化结果只是一个近似值，因此它有一个专门的名称，即“近似数量系统”（approximate number system）。如果给你看两张并排的图，一张图上有 80 个小圆点，另一张图上有 50 个小圆点，你立刻就可以分辨出哪张图上的小圆点更多，即便你只看了不到一秒钟。由于看的时间实在太短了，你无法数出两张图上各有多少个小圆点。这就是近似数量系统在起作用。

大多数人都能迅速将 10 个物体与 13 个物体区分开来，却无法将 100 个物体与 103 个物体区分开来。近似数量系统的准确性遵循着一个被称为韦伯定律（Weber’s law）的原则，该定律是以 19 世纪的实验心理学先驱恩斯特·海因里希·韦伯（Ernst Heinrich Weber）的名字命名的。这个定律不仅适用于计数，还适用于我们区分两种声音的频率、两个物体的重量或两幅图像的亮度。[3] 韦伯就是在研究有关两个物体的重量的问题时发现了这个定律。简单地说，韦伯定律指出，人们区分两个数字的能力取决于它们之间的比例。区分 20 和 10 就像区分 200 和 100 一样容易，因为这两组数字的比例都是 2 ： 1。相比之下，区分 120 个物体和 100 个物体就比较难，因为这两个数字的比例是 1.2 ： 1，更接近 1。[4]

每个人都可以通过这种方式去比较数量，有些人会做得比其他人好。最优秀的人可以区分只相差 10% 或更少的两份数量，有些人则很难区分相差 25% 或更多的两份数量。尽管最会估计数量的人不一定是智商最高的人，但是他们往往擅长真正的数学，不只是基本的计数，还包含更复杂的内容，比如用数学符号来推导和计算。一项研究测试了 60 名青少年估计数量的能力，能力最强的那名学生从幼儿园开始数学成绩就一直很好。[5] 更重要的是，一个小孩子在估计数量时的敏锐度可以有效地预测他以后的数学能力[6]，反之亦然。计算障碍是一种数学方面的学习障碍，患有计算障碍的儿童在估计数量方面的表现也更差。[7]

人类在抽象数学方面的天赋是建立在数感（number sense）的基础上的。有人认为，这种天赋是人类独有的，所以数感也必定如此。这个结论似乎是显而易见的，至少是有一定道理的。然而，这种观点是完全错误的。你可能听说过一个反例，即马戏团动物的算数表演。在懂算数的马戏团动物中，最著名的也许是一匹名叫“聪明的汉斯”的马，它生活在 20 世纪初的德国。“聪明的汉斯”似乎可以通过用蹄子敲击正确的次数来回答数学题，比如“12 + 12 等于几”之类。此外，它似乎还能正确地进行减法、除法和乘法运算。

“聪明的汉斯”的故事令人难以置信，但这个故事是真实发生的。不过，“聪明的汉斯”还是露出了马脚，即它只有在一边敲、一边看着提问者的时候才能得出正确的答案。另一个破绽是，如果提问者不知道答案，“聪明的汉斯”就会答错。一位心理学家进行一番调查之后发现，“聪明的汉斯”并没有数学天赋，它能答对问题是出于其他方面的原因。在“聪明的汉斯”用蹄子敲击的同时，提问者的身体姿势或面部表情会随之改变，从而无意识地给出暗示。随着“聪明的汉斯”敲击的次数越来越接近正确答案，提问者也会越来越紧张。“聪明的汉斯”读懂了这些暗示。当它敲出正确的答案时，提问者的身体会放松下来，脸上的紧张神情也会和缓下来。“聪明的汉斯”知道，这种放松是停止敲击的信号。

“聪明的汉斯”如此厉害并不是因为它拥有数学天赋，而是因为它善于解读肢体语言。事实上，这匹马对心理学的影响甚至超过了许多心理学家。直到今天，心理学家还在谈论“聪明的汉斯”效应，以及怎样才能不受这种效应的影响。当实验参与者为动物或人类时，心理学家会避免让参与者去解读实验者的肢体语言。[8] 如此一来，实验结果才会更加可靠。随着时间的推移，大量实验揭示了动物拥有极高的数学天赋。

## 唤醒数学的大脑回路

一个狒狒种群中有多达 100 只狒狒，它们会长途跋涉去寻找食物。当它们踏上旅途时，一个大群体有时会分裂成若干个小群体，一段时间之后再合并。那么，一只狒狒如何决定是否加入这个群体或另一个群体？也许，它们会追随某个在群体中拥有较高地位的领导者？对于第二个问题，答案是否定的。在 2015 年的一项研究中，研究人员给狒狒装上了 GPS 追踪器，结果表明，狒狒个体不会一直追随一个领导者。它们更喜欢加入两个群体中规模较大的那个群体，也许是因为个体数量多更安全，也许是因为规模较大的群体觅食效率更高。

那么一只狒狒如何分辨出更大的那个群体呢？对于比较大的数量，狒狒不会一个一个地数，而是直接估计，就像一个人需要在一瞬间做出决定时那样。狒狒做出正确估计的概率遵循韦伯定律，即取决于群体规模之间的比例。这个比例越大，估计正确的可能性就越大。事实上，狒狒区分两个不同数量的能力与 3 岁儿童相当。换句话说，狒狒和人类一样，也拥有数感。[9]

狒狒并不是唯一一种拥有数感的猴科动物。与人类一样，猕猴也能识别比较小的数量，还能估计比较大的数量，甚至不需要同时看到多个物体就能估计出它们的数量，一个一个地看就行。即便是一连串的声音这种无形的事物，猕猴也能估计它们的数量。更重要的是，猕猴还能数出声音和物体的混合序列。[10]这意味着它们的数感是跨感觉通道的，即这种能力不依赖于任何一种感觉通道，比如视觉或听觉。跨感觉通道性是真正意义上的数感的标志之一。

猴科动物也不是唯一拥有数感的动物。美洲黑熊可以估计触摸屏上显示的小圆点的数量。田鼠更喜欢捕食小群的红蚂蚁，而不是大群的红蚂蚁。一个狮群在攻击另一个狮群之前会估计对手的规模。面对两种食物，乌鸦会选择更多的那种，而不是更少的那种。孔雀鱼倾向于加入两个鱼群中规模较大的那个。雄性食蚊鱼倾向于加入雌性食蚊鱼较多的群体。一只雄蛙会数一数附近的雄蛙发出的求偶声，据此决定自己发出的求偶声，如果邻近的雄蛙发出了 5 次求偶声，它就会发出 6 次求偶声，力求打动雌蛙。[11]

即便是大脑容量极小的蜘蛛和昆虫也有数感，这也许是对人类的自我意识打击最大的发现。蜘蛛知道落入蛛网的猎物的数量，大黄蜂能记下一株植物上花朵的数量，蜜蜂可以记住它们飞往花丛途中经过的地标的数量。[12]它们甚至掌握了零的概念，鸟类和猴子也一样。这一点特别值得关注，因为零在数学中是一个重要概念。很多古老的文明中都没有表示零的符号。[13]哲学家阿尔弗雷德·诺思·怀特海（Alfred North Whitehead）曾指出："没有人出一趟门是为了买零条鱼。"[14]

有些动物不需要进行计数也可以从数感中获益，这很好理解。在记下一株植物上的花朵数量之后，一只大黄蜂就不用浪费精力在同一朵花上采两次蜜了。乌鸦在有很多蛴螬的地方搜寻食物就不会经常挨饿了。一条鱼加入大型鱼群就更有可能在受到捕食者的攻击时幸存下来。一只狮子攻击较小群体的动物时受伤的可能性更小。

与我们讨论过的许多创新一样，数感的起源也不止一次。例如，人类和乌鸦在大约 3 亿年前拥有一个共同祖先，从那时起，它们的大脑沿着不同的路径进化。由于人类和乌鸦处理数字的大脑区域具有不同的进化起源，两者的数感也一定是独立进化出来的。[15] 出于同样的原因，蜜蜂也可以“声称”自己独立进化出了数感。数感被多次发现这个事实告诉我们，它对生存一定有非常广泛的价值。更重要的是，动物进化出数感并不难。

这个结论得到了另一个事实的支持，这个事实就是数感并不需要复杂的大脑。例如，蜜蜂只有 100 万个神经元，而人类有 860 亿个神经元，即便是蜜蜂的神经元，也可能大大超出了进化出数感所需的神经元。在一项研究中，神经生物学家在计算机上模拟了一个简单的动物大脑的神经网络，结果显示，一个只有 600 个神经元的网络就能进化出数感。[16]

2018 年，研究人员对另一个由计算机模拟的神经网络进行了观察，观察结果更具价值。这个神经网络旨在模拟视觉信息在人类大脑中的流动，它属于人工智能中非常重要的一类网络，即深度神经网络。

深度神经网络包含了多层相互连接的模拟神经元。经过适当的训练后，深度神经网络在执行各种任务时都有出色表现，比如，对自然物体进行分类。训练过程很简单，先向神经网络展示许多物体的图像，然后调整它们的神经连接，直到它们能正确地对图像进行分类。

研究人员用了 120 万张图片来训练这个神经网络，直到它能识别出蜘蛛、狗、网球和项链等物体。接着，研究人员提出了一个简单而巧妙的问题：这个经过训练的神经网络能给物体计数吗？它能。当“看到”多达 30 个不同的物体后，比如心理学家用来测试人类的数感的圆点，不同的模拟神经元对不同数量的圆点做出了反应。一些模拟神经元“看到”有一个圆点的图像时最活跃，另一些模拟神经元“看到”有两个圆点的图像时最活跃……更重要的是，与人类和其他动物的大脑一样，这个神经网络估计圆点数量的准确性也遵循韦伯定律。由于这个神经网络没有经过计数训练，这些结果就尤其引人注目。这表明，作为视觉图像处理这项能力的副产品，数感可以自发地出现，不需要事物的推动。[17] 在这类神经网络中，数感就像我们在新陈代谢的化学网络中首次遇到的潜在创新一样。

1919 年，英国数学家、哲学家伯特兰·罗素惊叹于数学的深奥，他这样写道：“想必需要很多年，人们才会认识到两天和两只雉鸡都是数字 2 的实例，其中涉及的抽象程度理解起来并非易事。”[18]

罗素说错了，后人经过一个世纪的研究才发现他错了。如前所述，数感是人类与生俱来的一种基本能力。它的发展并不需要太长时间，至少不需要像人类历史那么长的时间。这是因为它不是人类文化的创新，而是比人类文化更古老的存在。数感也不是人类进化过程中最新的创新，猴子和其他哺乳动物也拥有数感。也许，人类所独有的、建立在古老的数感之上的数学天赋并不是达尔文式进化的产物？

考虑到数学在人类历史上出现的时间在很晚之后，这种可能性就更大了。考古学家在距今约 4 万年的史前骨头化石上发现了一些有规律的标记，他们认为这些标记代表着数字。[19] 然而，我们现在所知道的数学直到很久以后才出现，即大约在 5 000 年前。那时，苏美尔、巴比伦和埃及等古代文明都发展出了复杂的书写方式，不仅可以记录文字，还可以记录数字。[20] 相比之下，人类存在的时间要长得多，大约在20万年前就出现了。[21] 在人类历史的大部分时间里，数学并不存在。

在今天，当教师们花费数年时间向学生灌输数学知识并强调其重要性时，世界上仍有相当多的人在完全不懂微积分的情况下也过得很好。在各大洲的土著居民使用的193种语言中，大多数都不包含表示5以上的数字的单词。更值得注意的是，在澳大利亚的189种土著语言中，超过70种语言里没有用来表示3以上的数字的单词，换句话说，这些语言中只有表示“1”、“2”、“3”和“许多”的单词。[22] 许多土著语言中也没有用较小的数字组成较大的数字这种规则，例如，用数字2和1组成数字21。[23]

在这些土著语言中，有一种语言得到了深入研究，那就是生活在巴西亚马孙河流域的蒙杜鲁库人所使用的语言。蒙杜鲁库语中不仅没有表示5以上的数字的单词，也不使用表示2以上的数字的单词来计数，这些单词只用来估计数量。例如，蒙杜鲁库语中表示数字“5”的单词只能大致翻译为“几个”或“一把”，它既可以代表5个物体，也可以代表6个物体、7个物体、8个物体或9个物体。由于蒙杜鲁库人所掌握的是一种“近似”数学，他们无法进行简单的精确计算，比如6-4等于几。

值得一提的是，在判断两张图片中哪一张上的物体更多时，蒙杜鲁库人表现得很出色。即便图片上的物体多达80个，他们的表现也不比西方人逊色多少。[24] 他们的数感与我们的一样，也独立于文化、教育和语言。

数学本身不能独立于文化之外。它起源较晚，这表明对它的发展至关重要的是文化而非生物进化。数学必须利用大脑回路，后者比前者古老得多。大脑回路一定包含着一种数学思维潜能，这种潜能沉睡了数万年，直到被合适的文化唤醒。

认知科学家斯坦尼斯拉斯·迪昂（Stanislas Dehaene）① 将这种现象称为“神经元再利用”。迪昂指出，诸如数学这样的文化实践使古老的大脑回路有了新的用途。[25]“再利用”一词可能不太贴切，在数学出现之前，原有的大脑回路并没有被丢弃，而是有其他用途。不过，这并不重要，重要的是迪昂要表达的主要思想：数学利用了现有的大脑区域，它所做的就是唤醒这些大脑区域的数学潜能。[26]

若想确定这些大脑区域的具体位置，我们必须知道思考需要氧气。当神经生物学家将人们思考时大脑中被激活的区域可视化时，他们可以监测血液在大脑内部的流动，这是一个代表大脑氧气消耗量的指标。有一项技术可以帮助他们做到这一点，那就是功能性磁共振成像。[27]

当人们思考数学问题时，在功能性磁共振成像中，大脑的某些区域会亮起来，其中之一是大脑表面纵横交错的沟槽，又被称为顶内沟（intraparietal sulcus）。sulcus 在拉丁语中是“沟”的意思。顶内沟位于后脑下方，离头顶只有几厘米，左右两边都有。[28]

当人们估计数量时，顶内沟就会活跃起来，在成年人中是这样，在 4 岁的儿童中也是如此，而 4 岁的儿童尚未接受过数学训练。换句话说，顶内沟是否活跃与我们与生俱来的数感有关，它能够把这种感觉与复杂的数学问题联系起来，后者包括理解数字 1 ～ 9 等符号的含义。我们能够知道

① 迪昂是全世界极具影响力的认知神经科学家之一，欧洲脑科学研究领域的领头人，世界脑科学领域大师级的人物。其经典力作《精准学习》《脑与数学》《脑与意识》《脑与阅读》中文简体字版已由湛庐引进、浙江教育出版社出版。——编者注

这一点，是因为当成年人比较数字的大小或进行加减乘除运算时，顶内沟也很活跃。无论他们是自己读数字还是听别人说数字都无关紧要，这凸显了数学的跨感觉通道本质。[29] 即便是盲人数学家，也使用相同的大脑区域来处理数学问题。[30]

当猴子对物体数量做出判断时，其大脑中与人类的顶内沟相同的区域就会活跃起来，无论这些物体是如何呈现给它们的。例如，无论所有物体是同时显示，还是一个接着一个显示，这些大脑区域都会活跃起来。[31] 更重要的是，在这些大脑区域中，不同的神经元对不同的数量敏感。一个神经元会对 5 个物体产生强烈的反应，另一个神经元则会对 7 个物体产生强烈的反应，至于这些物体是什么，这并不重要。很长一段时间以来，人们不知道人类是否也拥有这种数量选择性神经元，因为这需要在人类的大脑中植入电极来记录单个神经元的活动。

好在自 2018 年以来，一系列实验对自愿接受这种植入物的神经外科疾病患者进行了研究，实验结果表明，人类也拥有这种数量选择性神经元。[32] 当一个人看到阿拉伯数字 0 ～ 9 时，这些神经元也会变得活跃，前提是这个人识字并且已经知道这些数字的含义。这一点非常值得关注，因为它表明学习可以将原本无意义的符号与古老的数感联系起来。

从某种程度上说，猴子也能学会建立这种联系。2007 年，两位德国科学家试图教猴子将数字 1 ～ 4 与对应数量的物体联系起来，方法是反复向猴子展示每个数字对应数量的圆点。当训练有素的猴子看到一个数量时，被调谐到相应数字的神经元就会开始放电。[33]

因此，猴子和人类使用的是相似的大脑回路，两者处理数量的方式也非常相似，而数量是数学最基本的组成部分。事实上，尽管专业数学家不仅操纵数字，还操纵许多抽象符号，但是他们使用的大脑区域与儿童操纵数字时使用的大脑区域是一样的，都是负责数学的大脑区域，只不过数学家的这些大脑区域更大。[34]

总而言之，数学起源较晚，与数学有关的神经回路起源较早，这表明，正确的环境而非生物进化才是引发这种革命性创新的关键因素。这里所说的“正确的环境”是一种文化环境，更具体地说是一种农业环境，涉及丈量土地、记账和纳税。

## 人类语言能力的进化

数学的创新还需要除了数感之外的能力，比如语言能力和处理符号的能力。生物进化确实在语言的创造中发挥了作用，但是究竟发挥了什么作用，以及它的作用是否比文化的作用大，这些问题仍然没有确切的答案。[35] 从多项研究的结果来看，人类的语言天赋与数学天赋截然不同。首先，脑成像研究表明，语言激活的大脑区域不同于数学激活的大脑区域。其次，那些患有特殊语言障碍的儿童往往在数学方面表现良好，反过来，数学不好的儿童在说、读和理解语言方面往往表现不错。最后，患有计算障碍的脑卒中患者虽然无法识别数字或完成基本的数学运算，但是表达能力或理解语言的能力通常很好，其他脑卒中患者则相反，他们的语言能力下降了，数学能力则没有受到影响。[36]

虽然语言的起源比数学的起源更神秘，但有一项与语言有关的技能是个例外，那就是阅读。阅读是一项比较新的创新，文化在其中起着主导作用，生物进化则起着辅助作用，这是因为阅读和数学一样，是在大约 1 万年前的农业革命之后才出现的。[37] 与数学一样，阅读也利用了古老的神经回路，这些神经回路的潜能长期处于休眠状态。

关于这些神经回路的第一个深刻见解来自对 19 世纪的脑卒中患者的观察。这些患者中有一位是现在非常有名的 C 先生，他在 1887 年接受了法国神经学家约瑟夫－朱尔·德热里纳（Joseph-Jules Déjerine）的检查。C 先生是一位很喜欢阅读的退休人员。一天早上，他正在阅读一本书，突然发现自己一个字也记不住了。他觉得自己的脑子出了问题，因为他能清楚地看到书页上的一排排墨迹，知道那些都是字母，但就是一个字母也读不出来。他能够缓慢又艰难地一个一个抄写那些字母，即便如此，他仍然无法认出它们。只有用手指去描摹那些字母时，他才能读出它们。

值得注意的是，C 先生在听写方面仍然表现得非常好，与同龄人差不多。与大多数人一样，他会在听写时检查自己的字迹，不过这个习惯现在已经没有任何益处了，因为他再也认不出自己写下的东西了。那些字迹会让他分心，所以他宁愿闭着眼睛写。

同样值得注意的是，C 先生只在阅读字母和单词方面存在障碍。他能很好地阅读阿拉伯数字，还能进行复杂的计算。他说话很流利。他的记忆力也没有受损。他能说出他看到的所有东西的名称。当看到一幅画的草图时，他也能认出来。他以前经常读《晨报》（*Le Matin*），虽然现在报纸上的字他一个也看不懂，但是他可以根据报纸的形状认出它。

C先生所患的疾病被称为失读症[①]，即无法阅读。更具体地说，C先生患的是纯失读症，这种疾病不会影响其他语言技能，如说话、写字或说出物体名称的能力。一些失读症患者仍然可以识别单个字母，因此他们能够

① 失读症与阅读障碍不同，阅读障碍更常见，但是不如失读症严重。

慢慢地解读单词。C 先生就没那么幸运了。在第一次脑卒中 4 年后，C 先生第二次脑卒中，并因此离开了人世，直到那个时候，他仍然没有恢复阅读能力。[38]

C 先生所患的疾病对个人来说是悲剧，却推动了神经科学的发展。如果某种脑损伤会影响某一项技能而不影响其他技能，那么这种脑损伤可以帮助科学家识别对该技能至关重要的大脑区域，而且这个大脑区域只对该技能至关重要。C 先生去世后，研究人员对他的大脑进行了解剖检查，结果发现一个叫作左侧枕－颞沟（left occipito-temporal sulcus）的大脑区域受到了损伤。这个名字实在太拗口了，它是大脑皮层中的一个凹槽，其名称取自大脑的两个主要区域，即颞叶和枕叶。颞叶从太阳穴附近一直延伸到后脑勺，后脑勺的拉丁文 occiput 意指枕部，也就是在那里，颞叶与枕叶相遇。

在 C 先生去世一个多世纪后的今天，我们知道，那些患有纯失读症的人通常都是大脑的这个区域受到了损伤。为了简单起见，我将这个大脑区域称为“单词阅读区”（word reading area）。[39] 现代脑成像显示，每当人们阅读时，这个大脑区域的神经元就会活跃起来。一个人读得越流利，即每分钟读的单词越多，这个区域就越活跃。值得注意的是，当不识字的成年人看到单词时，这个区域并不活跃。然而，在成年后学会阅读的人身上，这个区域会变得活跃。这一点非常值得关注，它表明学习可以轻松地帮助大脑区域承担起新的工作。[40]

单词阅读区位于那些能够帮助我们识别常见物品的大脑区域之间。具体来说，单词阅读区与左耳附近的一个大脑区域相邻，这个大脑区域的神经元可以帮助我们识别与工具相关的物体。在单词阅读区的另一侧，靠近头部中线的地方，是一个识别人脸、风景和房屋等物体的大脑区域。[41] 然而，在单词阅读区，被单词激活的神经元越多，被人脸、房屋和工具激活的神经元就越少，就好像单词阅读与物体识别是相互竞争的。[42]

这个大脑区域的神经元拥有一种与不变性有关的特殊能力，这种能力是人类视觉的一个显著特征。不变性意味着我们可以识别物体，无论它们的方向和大小是否发生了变化。例如，当我们从侧面、顶部、底部，以及近距离或远距离看着一只酒杯时，视网膜上的酒杯图像是不同的，但我们仍然会认为它是同一只杯子。那些靠近单词阅读区的神经元对物体的识别是不变的。无论物体的大小或方向如何，那些神经元都会被激活。[43] 这就是不变性的本质。

不变性是识别字母和单词的关键。这就是为什么我们可以识别大小相差 50 倍的单词，无论它们的图像落在视网膜上的哪个位置。不变性也可以解释为什么我们能识别出手写或打印的数百种字体的单词。当然，不变性也是我们能够识别大写字母或小写字母的原因，尽管许多字母的大写形式和小写形式完全不同，比如“G”和“g”看起来就截然不同。

大脑中的某个区域可以对多种物体实现上述所有功能，单词阅读区就位于这个区域，这并非巧合，因为不变性对识别字母至关重要。这个大脑区域引人注目的另一个原因是它影响着人类选择哪些字母和符号作为书面语言。为了理解这一点，我们先快速了解一下人类的大脑是如何处理图像的。

我们看到的图像都是始于视网膜的连续多层神经元处理后的结果。第一层的神经元会对一些简单的特征做出反应，比如是直线还是曲线。接下来的几层神经元会对复杂的特征做出反应，比如各种直线或曲线的交点（两条线相交的地方）。最后面的神经元会对整个复杂的物体做出反应。[44]

在这个过程中，物体的轮廓是识别物体的关键。当你看到一只高脚酒杯时，杯身的边缘会形成一个椭圆形，从很多角度看都是如此。这个椭圆的形状和方向在不同的角度下会发生变化，但是它仍然是一个椭圆。杯脚和杯身的连接处呈“Y”形，杯座和杯脚的连接处就像一个倒过来的字母“T”，这两个连接处从很多角度都能看到，有助于我们识别杯子。举例来说，当我们看到一只高脚杯的线条图时，即便把两个连接处之间的线条抹掉，我们仍然能认出那是一只高脚杯。然而，如果把两个连接处擦掉，我们就无法识别出高脚杯了。

我们周围到处都是各种线的交叉点或连接点。如果你坐在桌子前看着一只花瓶，花瓶有可能会模糊它后面的桌子的边缘。当桌子的边缘消失在花瓶后面时，它与花瓶就有一个连接点，从侧面看，连接处就像一个倒立的字母“T”。一个物体遮住另一个物体时通常就会形成这种连接。连接的线可能不是直的，而是弯曲的，可以偏向任何方向，两条线连接的地方可能不会形成直角，但是它们的基本形状（拓扑结构）仍然是“T”形。

一种更简单的连接的拓扑结构是字母“L”的形状。这种形状会出现在许多物体的边缘，比如桌子的两条边连接在一起形成一个角的地方。这两条线相交可能不会形成直角，它们的长度和方向可能不同，但它们的拓扑结构仍然是“L”形，这有助于我们识别图像。[45]

这些连接所形成的形状与字母相似并不是巧合。事实上，它们帮助塑造了我们使用的字母和符号。认知科学家马克·常逸梓（Mark Changizi）及其合作者开展了两项研究，首次揭示了书写与我们周围的物体之间的这种深层联系。他们分析了100多种书写系统，包括拉丁语、阿拉伯语、希伯来语和希腊语，以及像西里尔字母这样的建立在字母基础上的书写系统，像切罗基语这样的建立在音节基础上的书写系统，像汉语这样的符号书写系统，汉语中的许多字符直接代表汉字。此外，他们研究的书写系统不仅包括我们今天仍在使用的书写系统，也包括早已灭绝的腓尼基语以及古老的希腊语线性文字 B。有些书写系统是随着历史的进程而发展起来的，如阿拉米语，另一些书写系统则是人类发明的，如 1888 年出版的国际音标。

在这些书写系统中，我们可以根据连续书写时所需的笔画数来区分不同的字符。例如，在大写的英语字母中，“C”和“J”这样的字母一笔就可以写成，“D”和“L”这样的字母需要两笔，“A”和“B”这样的字母需要三笔，“M”和“W”这样的字母则需要四笔。

这些笔画数体现了一个简单又普遍的模式，这暗示着世界上的书写系统不是历史发展过程中的随机事件。具体来说，不同字符的笔画数差别不大，每个字符的笔画数在不同的书写系统中变化不大。在几乎所有书写系统中，大多数字符可以用三笔写完，有些字符只需一笔或两笔，基本上不会超过四笔。

我们已经知道，自然物体和它们的连接点有一个拓扑结构，即一个基本的形状。书写符号也有一个基本的形状，这个形状不会随着笔触的长度、角度或方向的变化而改变。例如，两笔能写出一个“T”、一个“L”或一个“X”等。笔画不一定是直线，它们的长度可以变化，角度和方向也可以变化，比如“T”可以倒立，“L”可以侧向一边，但这些变化都可以忽略，两个笔画会形成这三种形状。从这个角度来看，“L”在拓扑结构上与希腊语中的“Γ”相同，而“T”在拓扑结构上与亚美尼亚语中的“Ի”相同。

三笔才能写成的字符也有一定的形状，它们的数量要多一些。准确地说，3 个笔画可以形成 32 种拓扑结构，其中包括拉丁字母“F”、希腊字母“Δ”和西里尔字母“Л”等。

常逸梓分析了不同的形状在不同的书写系统中出现的频率，他发现有些形状出现的频率要比其他形状高得多。例如，“L”和“T”这两种形状出现的频率非常高。值得注意的是，这两种形状不仅频繁出现在字母书写系统和音节书写系统中，还出现在像汉语这样的迥然不同的书写系统中。相比之下，希腊字母“Δ”这样的形状很少见，在不同的书写系统中都是如此。不同的形状出现的频率遵循着一种普遍的模式。[46]

这种模式的普遍性令人震惊，但是更令人震惊的是另一种普遍存在的模式，后者是常逸梓在将书写符号与自然物体进行比较时发现的。他先找来几十张自然景观方面的图片，其中一些是人类祖先的家园——非洲大草原的图片，然后分析这些图片中不同线条（通常是物体的边缘）连接或交叉时形成的形状。他发现，这些自然场景中经常出现的形状在书写系统中也很常见。例如，“L”形不仅在书写系统中是最常见的，在自然界中也是最常见的，紧随其后的是“T”形。相比之下，无论在书写系统还是在自然界中，希腊字母中的“Δ”这种形状都很少见，很少有物体的边缘会形成一个完美的三角形。[47]

为了进一步确定这种模式是否只是一个巧合，常逸梓用电脑生成了一系列由纵横交错的随机线条构成的图画，这些线条就像一束被人随手扔在地上的树枝。接着，常逸梓研究了这些线条形成的几何形状。他发现，这些图画中常见的形状与自然图像和书写系统中的常见形状大不相同。常逸梓还研究了小孩涂鸦，结果发现，它们的形状与自然图像和书写系统中的形状也截然不同。

常逸梓的研究通过基本形状将自然界与书面语言联系起来。这些基本形状能够帮助我们识别自然物体，无论它们的大小和方向如何。正是因为这些形状对识别物体如此重要，它们才在我们的文字符号中占据着重要位置。[48]

一旦了解了这一点，你就会明白为什么不同的孩子在学习阅读的时候，同一个大脑区域会活跃起来，尽管书写和阅读并不是达尔文式进化的直接产物。你也会明白，为什么一个孩子无论是学习英语、阿拉伯语还是汉语，激活的都是同一个大脑区域。原因很简单，无论孩子阅读的是哪种语言写成的文字，这个区域的神经元都非常适合重新用于阅读。[49]

迪昂曾指出："人类的大脑皮层并不是专门为了书写而进化出来的，因为既没有足够的时间，也没有足够的进化压力。相反，书写的进化是为了适应大脑皮层。"他还表示，"大多数字母的形状并不是人类发明的，它们在人类的大脑中休眠了数百万年，直到人类发明了文字和字母表，它们才被重新发现。"[50]

这又是一个"睡美人"，即一项处于休眠状态的技能，就像数学那样，它只是在等待一个能够让它发挥作用的文化环境的形成。不过，与动物使用工具的潜能不同，这些技能的觉醒是革命性的。从诗歌、小说到定理，再到科学发现和正在改变世界的技术创新专利，数以百万计的创造性作品都因书写而得以记录下来，从而使人类文化拥有了像今天这样的高度复杂性。

书写和数学只是人类的无数创新中得到充分研究的两项，这些创新在短时间内取得的巨大成功是由文化而不是生物进化驱动的。在灵长类动物的进化史上，弹钢琴、骑自行车、跳芭蕾舞、驾驶飞机、画风景画、开车、玩电子游戏、作曲、编织地毯、给电路板布线、解读 X 射线图像、编写计算机程序、吹制玻璃花瓶、设计摩天大楼、制造精密手表等活动都没有先例。无论这些活动需要什么技能，都必须使用早已存在的大脑回路，这些大脑回路通常服务于其他更“世俗化”的目的，同时拥有一种隐藏的潜能，可以用于实现一个新目标。这种潜能一直处于休眠状态，直到属于它的时代到来，即一种文化创新需要它出场时。

如果读到这里，你觉得灵长类动物的大脑似乎拥有无穷无尽的功能这一点仍然难以理解，那么将它们的大脑与另一个多功能器官进行类比或许会对你有所帮助。这个多功能器官就是人类的手，它是一件具有 48 个活动部件的奇妙工具，包括 27 块骨头和 21 块肌肉。人类的手与黑猩猩的手不同，这种区别很微妙，但不是根本性的。[51] 例如，人类的拇指能够伸到与手掌相对的位置，这样我们就可以用手包裹住一个物体。另一个区别是，人类的拇指与其他手指的相对长度比黑猩猩的长得多，所以人类可以用拇指尖和其他手指尖精确地握持物体，就像钳子一样。此外，人类的远端指骨比黑猩猩的要宽，也就是每根手指尖端的骨头更宽，这使得抓握更容易。[52]

这些以及其他微妙的特征使人类的手变得非常灵巧。外科医生切除肿瘤，金属工人操作车床，钟表匠组装复杂的计时器，木匠制作复杂的橱柜，小提琴家演奏小提琴，这些都离不开一双灵巧的手。这些以及其他无数的技能并不是灵长类动物的进化所催生的，而是与人类文化一起涌现出来的，尽管它们依赖于一个比人类文化更古老的器官。既然一件只有 48 个部件的工具都拥有如此多的功能，那么一个拥有 860 亿个神经元的大脑呢？人类的大脑还拥有哪些潜能呢？那也许是我们做梦都没想到的技能！

## 唤醒创新睡美人
Sleeping Beauties

1. 即便是人类文化中最具变革性的创新，可能也要等待数千年才能迎来属于它们的时代。

2. 正确的环境而非生物进化才是引发革命性创新的关键因素。

第8章

# 用类比作为发现的武器

爱因斯坦曾将量子理论称为“思想领域的最高音乐形式”，他并不是唯一一个将量子理论与音乐联系起来的人。[1]在他之前，许多人已经发现了两者之间的深层联系，他们的思想也对物理学产生了深远的影响。例如，埃尔温·薛定谔（Erwin Schrödinger）、路易·德布罗意（Louis de Broglie）以及其他量子力学奠基人在解释原子和电子的特性时都用音乐来作类比。根据这个类比，物质的最小组成部分从表现来看就好像一些振动着的弦。原子只以特定的“量子化”能量发射光，就像弦只在特定的频率下振动一样。原子核周围的电子就像驻波一样，因而原子很稳定。在受到电磁能量的冲击后，原子会在特定的波长上产生共振，这有点像你拨动弦乐器上的一根弦，其他的弦也会振动。[2]

这样的科学类比不仅是一种修辞手法，还是一项重要的发现，可以帮助科学家发现基本的自然规律。类比以及文学中的隐喻都源自抽象的思维过程。抽象的思维过程就像数学天赋一样，也是人类思想的基础，也是本章的主题。

我们在第 7 章讨论的“睡美人”是神经回路，它们驱动着人类的数学天赋和其他许多技能。随着人类文明和文化变得越来越复杂，神经回路扮演了新的角色。本章要讨论的“睡美人”比较抽象，它们是事物之间隐藏的关系。这种关系一直处于休眠状态，直到我们发现一个类比或隐喻来揭示它们。类比和隐喻已经渗透到人类语言中，所以这种关系无处不在。在人类社会中，从诗人到科学家的创造者不断发现新事物，而人类的大脑唤醒自身的天赋则几乎没有极限。近期开展的实验甚至暗示了这种天赋的来源。这再次体现了大脑利用古老的神经回路的能力，不过这些神经回路有别于驱动数学天赋的神经回路。

精妙的类比古已有之。古罗马工程师维特鲁威（Vitruvius）曾将声波与水波进行类比，前者会随着演说家在讲台上演讲而传播开来，后者则随着岩石撞击水面而传播。声波遇到障碍物后会发生偏转，就像水波一样。这种偏转会通过回声和其他干扰降低音质。这个类比很有实用价值，它帮助维特鲁威改善了剧院的音响效果。[3]

在 17 世纪，英国医生威廉·哈维（William Harvey）提出血液循环理论时将心脏比作泵，这在当时属于异端邪说。到了 19 世纪，法国科学家萨迪·卡诺（Sadi Carnot）想象出一种能将热量转化为动能的发动机，他将热量和液体进行类比，认为热量从温度高的物体传递到温度低的物体就像瀑布从高处流向低处一样。在构建自然选择理论时，达尔文从改良作物的育种和改良牲畜的育种的类比中获得了启发。

精妙的类比不是用来描述两种事物表面上的相似之处，比如脑袋像鸡蛋一样秃、嘴唇像红宝石一样红，而是用来描述事物之间的深层联系，即便事物本身可能截然不同。演说家发出的声波可以用岩石撞击水面形成的水波来类比，尽管演说家和岩石在其他方面并无相似之处。剧院的墙壁会反射声波，就像海堤会反射水波一样。与水波一样，反射回来的声波会回到源头。剧院中的障碍物会产生干扰并降低音质，就像海上的船只和其他障碍物会使水波起伏一样。

用心理语言学①的专业术语来说，类比将一种关系映射到另一种关系上。第一种关系是源域（source domain）中像水波和水这样的概念之间的关系。第二种关系是目标域（target domain）中像声波和空气这样的概念之间的关系。这些概念的本质并不重要，水当然不同于空气，弦也不同于原子，重要的是源域中的概念和目标域中的概念之间的关系。

最精妙的类比映射的不是从源域到目标域的一种关系，而是多种关系。通过这些类比，科学家得以在目标域获得新的发现，就像弦的振动帮助物理学家解释原子发射光的原理一样。识别精妙的类比是一门复杂的艺术，因为类比很容易误导人。

例如，炼金术士将太阳比作黄金，因为两者都是黄色的。他们还将土星比作铅，因为土星移动的速度很慢，就像沉重的铅制物体一样。这种肤浅的类比阻碍了现代化学的发展。只有摒弃这种类比，现代化学才能挣脱炼金术的束缚并获得发展。[4]

**最有用的类比往往需要依赖旧的、常见的和具体的事物来帮助我们理解新的、未知的和抽象的事物。**一些科学类比在解释新的现象时也借用了已有的物理学理论，比如利用振子力学（mechanics of oscillators）来解释原子光谱。另一些科学类比则用扔石头这样的简单动作来解释重力，或者用水往低处流这种常见现象来解释热量的传递。[5]

---

① 心理语言学是一个融合了心理学和语言学的研究领域。

## 创造隐喻和类比的天赋

隐喻之于文学就像类比之于科学，两者有着相同的目标。相比“她的侮辱像滚烫的水”这样的比喻，“她滚烫的侮辱”这样的隐喻更简洁，两者都表达了源域（言语）中的概念与目标域（液体）中的概念之间的关系。这个目标甚至就包含在“隐喻”这个词的含义中，即把某物从一个地方带到另一个地方。

**与类比一样，隐喻不只是作家取悦读者的工具，还是抽象思维的一块基石，甚至有可能是抽象思维的唯一基石。**语言学家莱考夫等人识别和分析了日常语言中的数千个隐喻，最后得出了这个结论。许多隐喻通过将抽象概念映射到具体概念上来帮助我们理解抽象概念，这种隐喻被称为概念隐喻，它已经渗透到我们的语言中。举例来说，如果一篇典型的口头文章有 1 000 个单词，那么其中可能会有大约 100 个隐喻。[6] 换句话说，平均每 10 个口语单词就会出现一个隐喻。我们会不自觉地使用这些隐喻，就像呼吸空气一样。

语言学家对隐喻进行了分类，这些分类本身就体现了隐喻的普遍性，莱考夫和心理语言学家史蒂芬 · 平克（Steven Pinker）① 的著作就是最佳例证。[7]

滚烫的侮辱、笔下流淌出的文字、赞美淹没了某人等隐喻都有一个

① 平克是当代思想家、世界知名语言学家和认知心理学家，其经典著作《理性》《心智探奇》《白板》《思想本质》《语言本能》《当下的启蒙》是探讨人类心智起源与进化的革命性力作，这些图书的中文简体字版已由湛庐引进，分别由浙江教育出版社和浙江科学技术出版社出版。——编者注

共同的主题。其一，它们共享相同的源域。也就是说，侮辱、文字和赞美这三个概念都属于语言这个领域。其二，它们共享相同的目标域，即都属于液体这个领域，液体可以烫伤人，可以流动，也可以淹没人。换句话说，这些隐喻都符合同一个模板，都可以纳入一个将语言和液体联系起来的原型。语言学家经常用大写字母写出这个原型，“LANGUAGE IS A FLUID”，即“语言是一种液体”。[8]

这个原型只是我们用来构建隐喻的数百个原型之一，其他原型还包括：“思想是食物”，比如“一本书中内容最丰富的部分”；“大脑是容器”，比如“把它刻在你的脑海里”；“思考就是移动”，比如“我们即将找到解决方案”；“增多就是上升”，比如“股票价格正在上涨”；“目标是目的地”，比如“胜利近在咫尺”。[9]这样的原型还有很多，每个原型都可以带出无数隐喻。原型与隐喻如此之大的数量表明，我们的大脑一直非常努力地在不同种类的物体之间寻找相似之处。它为什么要这么做呢？这是关于我们的思想的，还是关于我们周围的世界的？也许两者兼而有之。语言是一种液体这类隐喻表明，人类大脑能够创造出令人愉悦的新联系，这或许有助于我们发现科学中复杂而有用的类比，比如，声波的传播就像水波的移动，热量的传递就像水从高处流向低处，等等。

在所有这些隐喻和原型中，最基本的那些也是最引人注目的。例如，有一个原型是关于一种重要的情感，那就是爱，爱构成了社会生活的基础。这个原型是“爱是一段旅程”，它体现在“我们的感情走到了尽头”这样的表达中。[10]在这个隐喻中，这对恋人是旅行者，感情则是他们的交通工具。这个隐喻可以将一对恋人的共同生活目标映射到一个共同的目的地上，比如“我们一起走了很远”，也可以将感情中的问题映射到减速上，比如“我们的感情陷入了困境”。在旅途中，一对恋人可能会遇到一个十字路口，然后分手，比如“我们分道扬镳了”；或者当这段关系结束时，交通工具可能会被遗弃，比如“我想抽身离去”。

“爱是一段旅程”这样的原型也被称为生成隐喻，它很容易生成新的、非常规的应用实例，比如，“玛丽结束了这段越来越糟糕的感情，因为三年过去了，约翰仍然没有向她求婚”。在写作技法娴熟的作家笔下，这样的一个实例能给我们带来像阅读伟大的诗歌那样的愉悦感受。然而，如果一个新的隐喻被广泛使用，那么它的新颖性就会逐渐消失。最终，它可能会变成一种常规用法，我们甚至意识不到它本质上是一个隐喻。在语言进化的过程中，这样的隐喻就成了活化石，比如“我们被困住了”。这样的隐喻会在我们的话语中出现成千上万次。[11]

有些重要的隐喻远远超出了日常生活的范畴。它们包含了那些有助于我们理解世界的基本概念，其中之一是因果关系。因果关系是一个非常基本的概念，哲学家大卫·休谟称之为“宇宙的水泥”。[12] 因果关系不仅是一个基本的概念，还是一个很抽象的概念，而隐喻可以使之变得具体。隐喻可以将因果关系映射到与我们的经验更接近的概念上，比如力的概念，就像我们踢球时施加的力，或者大风刮过时我们感受到的力。这个隐喻的原型是“原因即力”，常见的例子包括“球砸碎了窗户”，以及“警察护送小孩子过马路”等。[13]

另一类意义深远的隐喻将时间与空间联系起来。请比较一下这两个句子：“他们把冰箱往前挪了一米”“他们把婚礼往前提了一个星期”。后一个句子提到婚礼时就好像它是一个物理对象。这个隐喻的原型是“时间即空间”。在这一类隐喻中，有一些把时间中发生的事件看作移动的物体，比如“圣诞节即将到来”，另一些则把时间中发生的事件看作我们穿行于其间的景观中的物体，比如“我们即将迎来圣诞节”。[14]

“时间即空间”这类隐喻无处不在，我们会不自觉地使用它们。例如，我们可能从来没有意识到“这通电话很短”或“讲座很长”是隐喻，但它们确实是。即便是介词也能体现隐喻性，比如“会议在两点召开”这句话中的“在”，它涉及“两点”这个时间，就好像它是空间中的一个位置一样。这一类隐喻很精妙，因为时间比空间更抽象。我们生活在当下，但是必须记住过去、想象未来。与时间相比，我们对空间的感知更为直接。我们知道自己在空间中的位置，并能够直接体验我们在空间中的运动。因此，人们更多地用空间来表示时间，而不是用时间来表示空间，也就不足为奇了。[15]

“时间即空间”这样的隐喻大量存在于各种语言中，但是它们是比语言更深层次的存在，反映了我们对世界的看法。我们可以从研究非均等关系的心理学实验中清楚地看到这一点，正如我刚刚提到的，时间就是空间，但空间不是时间。

在一个这样的实验中，参与者要观察出现在电脑屏幕上的一条由像素点组成的横线，它从左往右延伸，然后消失。接着，一条新的线出现、变长，然后消失。这些线会以不同的速度变长，最终达到不同的长度。如果速度缓慢，但持续时间长，那么它会变得很长，然后消失。如果速度缓慢，持续时间又较短，那么它可能达到中等长度就消失了。如果速度很快，但持续时间很短，它也会变得比较长，以此类推。

在实验中，参与者在看到一条线出现、变长和消失后必须做出估计，要么估计这条线增加的长度，要么估计这条线从出现到消失所用的时间。关键的一点是，参与者不能用语言来表达自己估计的值。例如，在估计出一条线增加的长度后，参与者必须用鼠标移动屏幕上的光标，标示出这条线消失之前的长度。

最终的结果显示，参与者的估计并不都正确，这恰好有助于我们更好地理解人类的大脑是如何将时间和空间联系起来的。每当一条线变长时，参与者就会估计它在屏幕上停留的时间很长。然而，这并不一定是正确的。一条快速变长的线虽然只是短暂地出现过，但是仍然可能会变得很长。相反，如果一条线没有变长，参与者就会估计它只是短暂地出现过。这也不一定是正确的。换句话说，参与者的大脑用空间来代替时间，也就是用一条线增加的长度来代替它在屏幕上停留的时间。

值得注意的是，相反的情况并不成立，一条线出现的时间长短并不影响参与者估计的长度。换句话说，参与者对空间和时间的估计是不对称的，就像语言一样。他们用空间来估计时间，很少用时间来估计空间。[16] 这个事实暗示着，隐喻和类比能教给我们的不仅仅是语言方面的知识，它们可能还反映了物理世界的一些基本事实，至少展示了人类的大脑是如何感知这个世界的。事实上，一些有趣的神经生物学实验已经证实了这种可能性。

我们的心智能力最终必然反映在神经元的放电模式上，遗憾的是，我们对神经生物学中的隐喻和类比知之甚少。例如，我们不知道神经回路是如何在不同的经验领域之间传递概念的，这种能力是创造隐喻和类比的核心。一些很有趣的实验表明，这种能力所依赖的神经回路与数学和阅读所需的神经回路一样古老，它们就是帮助我们进行导航的神经回路。

## 将新概念映射到旧概念中，类比帮助我们更好地理解未知

为了理解这些实验，我们必须先了解人类依靠两种特殊的神经元来导航，并且人类与其他哺乳动物共享这两种神经元。第一种神经元是位置细

胞，它们位于被称为海马的大脑区域。“位置细胞”这个名称已经说明了一切。当动物发现自己在一个特定的地方时，位置细胞就会被激活。不同的位置细胞会被不同的地方激活。

第二种神经元是网格细胞，它们位于一个名为内嗅皮层的大脑区域。网格细胞的放电模式更为奇特。当一只老鼠探索地面上的一个区域时，对网格细胞来说，该区域被细分成了若干个六边形，每当老鼠经过这些六边形的一个角时，网格细胞就会被激活，就好像每个网格细胞都编码了这只老鼠所处环境中的六边形镶嵌图案。用六边形铺满一个表面有很多种方法，不同的网格细胞编码不同的方法，所根据的是六边形的角所在的位置。当老鼠位于这个六边形网格的某个角时，有一个网格细胞就会被激活。[17]

位置细胞和网格细胞协同，帮助老鼠、人类和其他哺乳动物在所处的空间中导航。不过，这并不是它们唯一的技能。与兼职蛋白一样，这两种神经元也可以执行其他任务，而且是与它们的主要工作无关的抽象任务，有一个心理学实验证实了这一点。在这个实验中，研究人员先让参与者观看电脑生成的一只鸟的卡通图像，然后训练他们使用一个可以改变这只卡通鸟的身体形状的计算机程序，更具体地说，他们可以通过改变这只卡通鸟的脖子和腿的长度，把它变成各种各样的形状。

参与者接受训练后要观看一段视频，视频中鸟的身体形状发生了变化。与此同时，他们的大脑活动会被记录下来。当参与者观看视频时，他们的网格细胞变得活跃起来，就好像他们正在空间中行走一样，尽管他们并没有移动。为了解释这一令人困惑的模式，研究人员分析了参与者的大脑活动，结果发现参与者的大脑发现了（或者创造了）一个抽象的空间，这个空间不同于他们当时所处的物理空间。这个抽象的空间包含了两个概念，即腿的长度和脖子的长度。我们身处的空间中有南北轴线和东西轴线，类似地，这个抽象的空间也有两个维度，分别对应于脖子长度和腿部长度，这两个维度上的数值是参与者可以操纵的。研究人员事先并没有告知参与者有这样一个概念空间，更不用说它有两个维度了。参与者的大脑自动发现了这个空间，并将其概念维度视同空间维度。他们在这个概念空间中导航所使用的是神经回路，与哺乳动物数百万年来在世界上导航所使用的神经回路是一样的。[18]

这种创造抽象概念空间的能力并不是人类独有的，其他动物也拥有这种能力。动物可以学习使用原有的神经回路来获得一种新的技能，从表面上看，这种新的技能与旧的技能不同，实际上两者是相似的。一个以老鼠为研究对象的实验证明了这一点。在这个实验中，研究人员对一只老鼠进行训练，让它掌握一种在野外完全没有用处的技能，就像改变卡通鸟的形状这项技能对人类来说没有用处一样。为此，他们设计了一种装置。当老鼠按下杠杆时，这个装置会发出声音；如果老鼠松开杠杆，声音就会停止；如果老鼠一直按住杠杆，那么声音不仅不会停止，其频率还会随着时间的推移而升高。老鼠按住杠杆的时间越长，声音的音调就越高。老鼠要完成的“无用任务”是等到音调达到一定频率时才放开杠杆。如果老鼠完成了这项任务，就会得到一些水作为奖励。[19]

研究人员的目标是确认完成这项任务所需的神经元。诸位应该猜到了，这些神经元就是网格细胞和位置细胞。当老鼠听着音调不断升高的声音执行任务时，特定的网格细胞和位置细胞会被激活，被激活的神经元会随着声音频率的升高而变化。有些神经元在频率较低时放电，另一些神经元则在频率较高时放电。当老鼠四处走动和寻找食物时，那些已经学会对不同的频率做出反应的神经元就会活跃起来，帮助老鼠在所处的空间中进行导航。

这个结果意味着，老鼠的大脑已经将频率的变化映射到导航所需的神经元的放电模式的变化。换句话说，老鼠发现了一个类比的“神经等价物”，即沿着频率这一个维度变化的声音与沿着空间的一个维度改变位置的物体之间的类比。它们发现，空间的变化可以作为声音频率变化的一个有用的代理变量。

这些实验表明，老鼠和人类的大脑能够利用执行某项任务的神经元去执行另一项任务，而且它们可以轻松做到这一点。从表面上看，这些任务是不相关的，但在更深的层面上，它们由某种相似性联系在一起。这种相似性使得“时间即空间”以及数百种其他概念隐喻成为可能，就像我们所处的空间与二维概念空间之间的相似性一样。老鼠可以轻松学会所需的技能，即便这些技能在野外派不上用场。这个事实暗示着，这种能力不是哺乳动物为了生存而进化出来的。事实上，这种能力源于哺乳动物的大脑在不同感知领域之间转换关系的能力。遗憾的是，我们对这种能力的进化起源知之甚少。

我在这里只描述了两个实验和两项任务，正如大量的人类大脑成像数据所证明的那样，大脑完成这些任务的能力来自其处于休眠状态的潜能。这些数据来自 1 000 多个脑成像实验，这些实验测量了参与者在执行不同任务时大脑中 100 多个区域的活动。数据分析结果表明，一个大脑区域平均参与执行了至少 8 项任务，这些任务之间的差别极大，涉及了视觉、听觉、记忆和推理等。[20] 换句话说，大脑的神经空间与电脑内部的可交换电路板不一样，前者没有被整齐地划分成专门用于执行特定任务的小块。若干个大脑区域组成的“区域包”处理着相互重叠的任务，因此，任何一个大脑区域都可以执行多项表面上互不相关、实际上相似的任务。

这些实验研究的神经回路展示了神经网络的力量，即原有的神经回路的潜在能力可以服务于惊人的新目标。不过，我在此描述这些神经回路的主要原因并不是这一点，而是通过研究它们，我们得以一窥大脑在发现新的隐喻和类比时，是如何揭示空间和声音等不同领域之间的新联系的。这些联系很隐秘，我们以前对它们一无所知，直到大脑回路将它们揭示出来。它们所产生的影响可能像一句令人会心一笑的妙语那样短暂，也可能像一条新的自然规律那样深远。

在许多情况下，我们需要将新的概念映射到已有的概念上。在心理学实验中，在大学课堂上讨论科学问题时，或者在探索世界时，我们可能就会运用这种方法。在上述情况下，类比可以帮助我们更好地理解未知的事物。这些情况可能没有什么共同点，除了中心主题，即我们周围的世界是唤醒一直休眠着的联系的关键，它是以我们面临的任务这一形式来揭示这种联系的。

## 唤醒创新睡美人
Sleeping Beauties

1. 抽象的思维过程就像数学天赋一样，也是人类思维的基础。

2. 我们的心智能力最终必然反映在神经元的放电模式上，遗憾的是，我们对神经生物学中的隐喻和类比知之甚少。我们不知道神经回路是如何在不同的经验领域之间传递概念的，这种能力是创造隐喻和类比的核心。

# Sleeping Beauties

# 第 9 章

# 成功是由创新者无法控制的力量引导的

在人类的无数创新中，那些真正改变了人类生活的创新独树一帜。我所说的不是近年来的颠覆性创新，比如晶体管和互联网，而是古代的创新，比如手斧和轮子。有人可能会认为，手斧和轮子等古代的创新一旦出现，必定会立刻传播开来，并迅速改变它们所接触的社会，就像近年来那些与它们类似的创新一样。这种观点或许有一定道理，但看似合理的观点可能具有欺骗性。关于这一点，看一看带轮子的运输工具的历史就知道了。[1]

大约在公元前3500年，轮子首次出现，分别独立地出现在中东和东欧，但是轮子的传播既不迅速也不广泛。例如，古埃及人知道轮子，因为他们已经在使用陶制轮子，并与美索不达米亚地区的人进行贸易，而在美索不达米亚，牛车和战车在公元前3000年以前就被投入使用。然而，古埃及人在1 000年后才开始使用有轮子的运输工具。

我们再以生活在墨西哥南部的奥尔梅克人为例，这个古老的文明在公元前 400 年才进入繁荣期。与古埃及人一样，奥尔梅克人对轮子很熟悉，尽管他们并没有使用手推车运送货物。我们能够知道这一点，是因为他们的工匠创造了许多有轮子的手工艺品。这些手工艺品并不是手推车、四轮货车或独轮车，而是狗、猫或猴子等动物的陶瓷雕像，它们的腿上都装着轮子。它们看起来像玩具，很可能就是玩具，也可能是宗教用品或仪式器物，我们无法确定它们的具体用途。至于奥尔梅克人创造它们的原因，我们也无法确定。

一些历史学家认为，奥尔梅克人没有足够强壮的役畜来拉动有轮子的车子。这种观点显然忽略了人类的力量，至少从 1200 年开始，中国就出现了人力独轮车。另一些历史学家则认为，奥尔梅克人没有建立起道路网络，所以轮子无法发挥作用。然而，早在公元前 300 年前后古罗马人开始铺设横贯帝国的道路之前，欧洲人就已经在使用马车了。也许真相很简单，那就是相比坏掉的车轴、翻倒的大车、深深的车辙、坑坑洼洼的道路，以及使用车子可能会带来的其他麻烦，役畜和人类搬运工的成本更低，也更省事。

即便在轮式运输工具得到推广的地方，轮子仍然有可能再次被遗忘。这种情况曾发生在轮子的诞生地之一中东，那里的轮式运输工具在公元 1 世纪时几乎消失殆尽。在撒哈拉沙漠地区，牛车曾得到广泛使用，这种情况持续了几个世纪，但是到了 11 世纪初就几乎没有人使用牛车了。[2] 公元前 1200 年，中国从欧亚地区引进了战车，到 1200 年前后，战车又消失了。在有些地方，人们不再使用轮式运输工具是有充分理由的。例如，在撒哈拉沙漠地区，骑马比乘坐马车要快，骑骆驼也比坐牛车更快。

这些事实表明，轮子的成功并不是一蹴而就的。有一种观点认为，在 19 世纪铁路和汽车工业兴起之后，轮子才真正得到广泛使用。直到此时，即在轮子首次出现的几千年后，铁路网和公路网才开始改变世界上的景观。

轮子可能是古人运用抽象思维发明的，也可能是技术史上无数偶然发现中的一个，我们可能永远无法知道事实究竟是哪一个。然而，我们确实知道轮子在某些方面不同于生物进化中的创新，就像简单的动物所掌握的技术那样。轮子不是起源于DNA，而是起源于某个人的大脑；它不仅通过自然选择传播，还通过社会学习传播。这些不同之处固然很重要，但是在自达尔文时代以来的许多研究人员看来，它们不及进化创新与文化创新的相似之处重要。他们认为，进化创新和人类创新都源于达尔文式的选择过程。在这个过程中，新的生物体或新的想法等变异或多或少是随机产生的，有用的变异通过无意识的自然选择或有智慧的生物体被保留下来。

几十年来，许多心理学家、历史学家和文献计量学家一直在研究科学出版物的成功与失败模式，他们的研究成果证明了上述观点。本书不会详细阐述这种达尔文式的创造性，我在《如何解决复杂问题》① 等作品中已经讨论过这个问题。[3] 不过，我会在此强调技术与进化创新的另一个相似之处，它与"睡美人"的普遍性有关，那就是多次发现。

## 文化中的创新也很容易

我们已经知道，创新对进化来说很容易。对文化来说，创新也很容

① 《如何解决复杂问题》旨在帮助读者洞察进化的智慧，拓展思维的边界，用生物进化的三大力量寻找复杂问题的解决方案，该书中文简体字版已由湛庐引进、浙江教育出版社出版。——编者注

易，多次发现便是支持这个观点的证据。在旧世界和新世界，人们曾发明和重新发明轮子，而这只是数百个例子中的一个。农业是一个更古老的例子，它至少有11个相互独立的起源，包括非洲、中东、中国和新几内亚等，涉及的作物种类有小麦、水稻和玉米等。正如我之前提到的，与农业类似的创新也存在于自然界中，蚂蚁和白蚁在进化过程中也发展出了自己的“农业”，它们精心设计并建造了“真菌花园”，而且它们的发现既独立于人类，也独立于彼此。[4]

我之前还描述过，在进化过程中，不同的物种多次发现了乳胶。在人类历史上，人们也曾多次发现乳胶，更准确地说，人类多次发现了具有商业价值的乳胶，即天然橡胶。

橡胶树的表皮被割开后会流出乳白色的乳胶，这种物质的化学性质不稳定。通过一个名为硫化的过程，乳胶才能变成有用的（化学性质稳定的）天然橡胶。1839年，发明家查尔斯·固特异（Charles Goodyear）偶然发现了这一过程，引发了一场围绕着天然橡胶产品而展开的商业革命。橡胶对工业革命至关重要。一个世纪后，固特异轮胎橡胶公司总裁甚至把橡胶称为工业社会的“柔韧的肌肉和肌腱”。[5]到第二次世界大战时，制造一辆坦克需要大约360千克橡胶，制造一艘战列舰则需要数百吨橡胶。当时，橡胶已经成为美国进口的最有价值的商品。

这个简短的故事说明了橡胶的爆炸性成功只需要一个独特的发现。然而，这个发现其实并不是那么独特。在哥伦布到达美洲之前，那里的印第安人就发现了将牵牛花藤蔓的汁液与生乳胶混合并加热，以实现硫化的方法，比固特异早了将近3 500年。他们生产的橡胶制品包括雕像、橡皮筋，以及在仪式性的球类比赛中使用的橡胶球，这些比赛体现了他们的创世神话。[6]不过，他们的这项创新出现得太早了，对人类的影响极其微小。

随着时间的推移，多次发现的例子变得越来越多，也许是因为历史记录变得越来越完整，也许是因为创新的步伐逐渐加快。摆钟至少被发明了3次，温度计被发明了7次，电报被发明了4次，雷达被发明了6次。[7]

这样的例子之所以为世人所知，离不开20世纪的社会学家罗伯特·K.默顿（Robert K. Merton）的努力。默顿着迷于多次发现这个现象，这也是这种现象被称为“默顿倍数”（Merton’s multiples）的原因。奇怪的是，默顿并不是第一个发现这种现象的重要意义的人，当然他也没有声称自己最先发现了这种现象的重要性。默顿发现了18份以前的报告，这些报告都强调了多次发现这一现象频繁出现。有一份报告是1922年发表的一篇文章，文章中列举的多次发现的例子不少于148个。默顿倍数本身也被发现了很多次。[8]

默顿认为，由于多次发现太频繁，那些只发现过一次的创新，即独一无二的创新才是需要解释的例外。事实上，一些细致的历史研究揭示出，有些创新从表面上看只被发现了一次，实际上被多次发现。这类研究还表明，一些发明独一无二的原因是发明家的竞争对手在得知他人已经获得了类似的发现后感到气馁，在公布自己的发现之前就放弃了。

许多个人发明家会反对我在这本书中阐述的一个观点，即创新很容易。毕竟，创新似乎很难，即便对人类社会中那些多产的发明家来说也是如此。一个很有名的例子是，爱迪生尝试了6 000多种材料，才偶然发现炭化竹丝可以作为稳定的白炽灯泡灯丝。[9] 计算机编程语言Fortran的发明者约翰·巴克斯（John Backus）这样描述自己的创造过程：“你需要随时乐意接受失败。你必须先产生许多想法，然后非常努力地工作，最后却发现这些想法完全没用。你得一遍又一遍地重复这个过程，直到找到一种可行的方法。”[10]

从一个更高的视角来看，比如从一位研究整个历史时代的历史学家的视角来看，个人创新者所认为的艰难创新可能截然不同。从这个视角来看，默顿倍数表明，**大多数发明和发现都不是人类历史上来之不易的创新，而是时代的必然产物。**

默顿还发现，在将近 200 种被多次发现的创新中，大约 1/3 的创新在首次被发现后，隔了十几年才再次被发现。这暗示着，早期的发现往往会被忽视或遗忘，变成了“睡美人”，问题是，为什么会出现这种情况。幸运的是，这段历史被详细地记录下来，不必只依赖不完整的化石记录，因而回答这个问题变得很容易。

一个代表性的例子是坏血病的治疗方法。坏血病曾是一种致命的疾病，杀死了无数在茫茫大海上月复一月航行的水手，因而被 18 世纪的观察家称为“海上瘟疫”。[11] 水手刚患上坏血病时症状很轻，只是全身乏力和牙龈疼痛。这些症状会逐渐加剧，导致肌肉疼痛和牙齿松动。接着，严重的症状接踵而至，包括伤口溃烂、血流不休、抽搐等。最终，患者面临的是死亡。

在有详细的航海记录的时代，坏血病的死亡人数就非常引人注目。当西方国家开始探索海洋以寻找新的大陆时，它们的船只离陆地越来越远，因坏血病而死的人多到令人震惊。在 1519—1522 年的环球航行中，探险家麦哲伦的船队从 230 人减少到 22 人。200 多年后的 1740 年，在一次远征太平洋袭扰西班牙人的军事行动中，英国海军指挥官乔治·安森（George Anson）率领的近 2 000 人的队伍损失了大约 1 300 人。在这两次探险中，大多数人都是死于坏血病。[12]

治疗坏血病的有效方法之一是多吃柑橘类水果和新鲜蔬菜，人们发现了这种方法，不久之后又遗忘了它，这种情况发生了不止一次。早在 1497 年，达·伽马就发现吃橙子可以预防坏血病，同时还发现了通往印度的海上航线。然而，达·伽马发现的预防方法并没有传播开来。[13] 1614 年，一本名为《外科医生的助手》(*The Surgeon's Mate*) 的英国海军手册也提出了这一观点，但是当时的人肯定完全忽视了这本书，因为直到 18 世纪，英国海军中死于疾病的水手仍然比死于战争的还多，而且罪魁祸首仍然是坏血病。

坏血病的治疗方法第三次被发现是在一项具有决定意义的医学实验中，该实验是医学史上的一个里程碑。可悲的是，这一次的结果没有什么不同。这项实验是第一项对照临床试验，是英国海军外科医生詹姆斯·林德（James Lind，见图 9-1）于 1747 年开展的，目标是探索治疗坏血病的潜在方法。[14]

图 9-1　詹姆斯·林德

当时，林德在一艘英国军舰上服役，军舰上的350名士兵中有80人因患坏血病而卧床不起，只能躺在吊床上。林德选择了12名病情严重的士兵，给他们提供基本的食物，并将他们分成6组，每一组服用一种当时人们认为有可能治疗坏血病的药物。第一组喝的是橙汁和柠檬汁，第二组喝的是醋，第三组喝的是苹果酒，第四组喝的是海水，等等。两个星期后，第一组士兵几乎完全康复了。在其他几组中，只有喝了苹果酒的那组士兵病情稍有好转。这项实验的结果很明确，即柑橘类水果可以治疗坏血病。

在1753年出版的著作《论坏血病》（*A Treatise of the Scurvy*）中，林德总结了自己的研究成果。他与英国海军部的关系很密切，本来有机会改变舰队的卫生政策，遗憾的是，英国海军部在接下来的半个世纪里忽视了柑橘类水果与坏血病之间的联系。[15] 一些历史学家声称，林德遭到了竞争对手的诋毁，后者更青睐其他抗坏血病药物。另一些历史学家则认为林德的观点超前于他所处的时代，并将他视为一位睿智的革命者，认为他遭到了无数嫉妒他的天分的逆历史潮流而动者的阻碍。

当然，事实要复杂得多。在远洋航行中，水手们不仅吃不到新鲜的食物，也喝不到干净的水，宿舍又湿又脏，空气还不流通。因此，当水手们回到陆地上，健康状况有所改善时，谁又能说得清楚到底是因为美味的食物、新鲜的空气还是纯净的水呢？这个问题的复杂性也与18世纪的医生们坚持的一个观点有关，这种观点与今天的医生所持的观点恰好相反。在今天，医学专家认为，许多疾病都是由特定的因素引发的，比如病毒感染、基因突变或者缺乏维生素等。在当时，医生认为每一种疾病都有可能是由多种因素引起的，人们可能会因为不干净的水、潮湿的空气或肮脏的居住环境而患上坏血病，而根本的原因取决于一个人的体质。在他们看来，既然病因有很多种，那么必定存在多种治疗方法。出于这个原因，当时的医疗机构认为没有所谓的“特效药”，即一种针对单一疾病且对所有患者都有效的治疗方法。如果一位医生声称自己找到了一种“特效药”，那么他很快就会被指控为招摇撞骗的庸医。

这种根深蒂固的观点也是林德的对照试验没有引起轰动的原因。这种随机对照试验是找到治疗坏血病的具体方法的理想途径，但是林德找到的治疗方法并不是当时的医生所想要的。在这个方面，林德并没有遥遥领先于他所处的时代。事实上，他与同时代的人一样。林德也不相信坏血病有专门的治疗方法，这可能会让你感到很意外。他在《论坏血病》一书中写道：“自然界中并不存在可以专门治疗某种疾病的灵丹妙药。”[16] 正是因为这种根深蒂固的信念，林德本人并没有充分认识到那项对照试验的重要性，也没有在《论坏血病》一书中详细介绍自己的发现。

近半个世纪后，常识才最终战胜了医学偏见。1793 年，当坏血病在英国舰队中暴发时，柑橘类水果才被用于治疗坏血病。当从港口运来的柠檬汁治愈了那些饱受折磨的水手时，蔓延的疾病才得以平息。经过一系列类似的事件，英国海军部才终于相信柑橘类水果能够治疗坏血病，尽管许多医生仍然坚持他们原有的信念。1800 年，英国政府出台政策，规定出海舰队中的所有船只必须配备柠檬汁。1867 年，这一政策被强制推广到了民用船只。正是因为这个政策，美国人给英国人取了“英国佬”[limey，即酸橙（lime）佬] 这个绰号。

酸橙汁可以治疗坏血病，但是自那以后的几十年里一直没有人知道其中的原因。最终的答案直到 1927 年才被揭晓，当时，匈牙利生物化学家阿尔伯特·圣捷尔吉（Albert Szent-Györgyi）分离出一种他称之为抗坏血酸（ascorbic acid）的分子，而在此之前，其他科学家已经证明它是真正的特异性抗坏血病药。今天，我们将抗坏血酸称为维生素 C。

有效治疗坏血病的药物因人们普遍相信的科学信念而被忽视，这一点非常符合“人性”，可以用来解释为什么关键的创新会被低估。这种人为因素困扰着医学创新。我们即将讨论的制冷技术则体现了另一个人为因素，这个因素不仅会使创新处于休眠状态，还会使创新陷入“昏迷”状态。[17]

大多数冰箱都是依靠液态制冷剂来制冷。制冷剂蒸发时会吸收热量，再次凝结时则释放热量。今天的家用冰箱通过电动压缩机让蒸发后的制冷剂更快凝结，这种压缩也有助于制冷剂释放之前从冰箱内部吸收热量。在压缩机的电动机运转的过程中，冰箱会持续发出嗡嗡声。

与压缩式制冷机相比，吸收式制冷机体现了一种截然不同的制冷原理。这种机器不直接控制制冷剂的压力，而是控制它的温度。它先加热制冷剂使其蒸发，随后制冷剂通过冷凝将储存的热量释放到环境中。吸收式冰箱目前只占很小的市场份额，在没有电力供应的休闲车上或电网未覆盖的地方，这种冰箱使用燃气火焰来加热制冷剂。

在 20 世纪初，燃气吸收式冰箱很受欢迎，完全可以与电动压缩式冰箱竞争。这并不奇怪，因为这种冰箱没有压缩机及其运动部件，更容易维护。此外，这种冰箱运行时很安静，而压缩式冰箱会发出嗡嗡声。当第一台家用冰箱于 20 世纪初问世时，大多数家庭使用的是燃气，而不是压缩式冰箱所需的电。当时，人们一度将吸收式冰箱称为“常识机器”。[18] 尽管如此，压缩式冰箱最终还是占了上风。究其原因，与节能之类的优势关系不大，而是与强大的生产企业以及它们超卓的营销能力有关。

1918 年进入市场的第一台家用冰箱恰好是压缩式冰箱，其品牌名称为 Kelvinator，由一家同名公司制造。最重要的是，这个品牌得到了财力雄厚的通用汽车公司的赞助。此后不久，数十家企业进入了冰箱市场，其中最引人注目的是通用电气公司。通用电气公司是电气行业的核心参与者，也是电气技术方面的既得利益者，它有充分的理由推动压缩式冰箱的发展，毕竟电力需求的增加将有助于提高发电设备的销量。因此，通用电气公司不仅改进了压缩式冰箱，还进行了大规模的广告宣传，宣传方式包括 4.8 千米外就能看到的霓虹灯标志、用潜艇将冰箱运往北极，以及请好莱坞明星拍摄长达一小时的电视广告并播出，等等。

相比之下，开发吸收式冰箱的企业数量少、规模小，可投入资金也少，同时它们还需要与天然气公用事业公司结盟，而后者在与正在崛起的电力行业的竞争中面临着沉重的财政压力。到了 1940 年，通用电气、西屋电气、Kelvinator 和 Frigidaire 等企业已经垄断了冰箱市场，它们都与电气行业有着千丝万缕的联系。

历史学家露丝·施瓦茨·考恩（Ruth Schwartz Cowan）曾表示："在现今的美国，大多数家庭使用的是压缩式冰箱，而不是吸收式冰箱，这不是因为前者在技术上更先进……而是因为通用电气、通用汽车、Kelvinator 和西屋电气都是规模庞大、实力雄厚、锐意进取、与时俱进的企业……"

市场营销对其他创新来说也至关重要，这其中就包括了真空吸尘器。19 世纪晚期，有人发明了集中式家用吸尘器，它只有一个动力单元，通过真空软管连接到每个房间的真空插座。今天，大多数人使用的是便携式吸尘器，而不是集中式吸尘器，这主要是因为胡佛公司（Hoover）等非常成功的吸尘器生产企业更青睐便携式吸尘器。同样，大多数家庭会使用带有旋转滚筒的洗衣机，很大程度上是因为美泰克公司（Maytag）大力推广了这种设计。

## 缺乏社会学习让创新延迟成功

无论是市场力量还是主流舆论，都会使一些创新处于休眠状态，但是其最终原因可以归结为缺乏社会学习。在动物种群中传播工具创新的力量对人类创新的传播也至关重要。当社会学习因某种因素受阻或延迟时，创新也会延迟获得成功。不过，这并不意味着社会学习是成功的唯一决定因素。进化创新会因某些因素进入休眠状态，类似的因素会使一些人类创新长期处于休眠状态，这些因素与人类本身的弱点几乎没有关系。我们以瑞典人阿尔内·拉松（Arne Larsson）的非凡经历为例，一项突破性创新帮助他在不可能的情况下实现了长寿的愿望。

1958 年，43 岁的拉松陷入了绝望。病毒感染在他的心脏上留下了疤痕，导致心跳异常缓慢。拉松每天都会昏厥大约 30 次，这是非常危险的。在医学上，这种症状被称为斯托克斯－亚当斯发作。每次发作都有可能夺走他的生命，除非他能及时苏醒过来。

拉松的心脏显然出了大问题，但是从另一个角度来说，他生这场病的时机堪称完美。当时，他已经在瑞典的一家医院里住了 6 个月，外科医生奥克·森宁（Åke Senning）和工程师鲁内·埃尔姆奎斯特（Rune Elmqvist）正在试验心脏起搏器。他们想成为最先研发出可以植入患者体内的起搏器的人，起搏器能够为心律失常的心脏提供维持跳动所需的微小电脉冲。拉松还有一个强大的盟友，那就是他勇敢的妻子。当时的她几乎和拉松本人一样绝望，每当拉松昏厥后，她不得不想尽办法让他苏醒过来。她多次向森宁和埃尔姆奎斯特求助，请求他们伸出援手。当他们告诉她，他们还没有研发出植入式心脏起搏器时，她表示只要做出一个起搏器就行。

事实上，心脏起搏器的历史要比这早得多。早在 18 世纪晚期，法国解剖学家马里－弗朗索瓦－格扎维埃·比沙（Marie-François-Xavier Bichat）就尝试用电流让死者的心脏重新跳动起来。这是一项了不起的医学进步，似乎可以挽救许多患者的生命，但是有一个问题，那些患者都没有头！他们是当时正如火如荼的法国大革命的牺牲品。[19]

无论如何，这都是一次了不起的概念验证。从比沙的尝试到心脏起搏器首次成功植入，还需要一个多世纪的时间。在这个延迟成功的故事中，1932 年是具有里程碑意义的一年，美国心脏病学家艾伯特·海曼（Albert Hyman）在这一年发明了人造心脏起搏器。比起治疗慢性心脏病，海曼更感兴趣的是治疗急性的、一生只一次的心脏病。例如，他想让死产婴儿的心脏重新跳动起来。海曼发明的人造心脏起搏器至今仍在使用，不过他发明的装置与今天的心脏起搏器几乎没有相同之处。它有一台缝纫机那么大，配有一台手摇电机，电机产生的直流电通过一根针输送到患者的心脏（见图 9-2）。

图 9-2　一个早期的起搏器

你可能会认为，医疗机构会张开双臂欢迎海曼和他的革命性发明。然而，事实并非如此，医学界对海曼发明的心脏起搏器不屑一顾，认为它只是一个小玩意，有人甚至指责他干扰了上帝的工作。换句话说，海曼发明的心脏起搏器并没有推广开来，这当然不是因为他没有尝试推广它。在他发明心脏起搏器 10 多年后，也即第二次世界大战中，他试图说服美国海军使用这种设备，但是没有成功。后来，心脏起搏器这个研究领域又沉寂了将近 20 年，直到 20 世纪 50 年代末才繁荣起来。

那个 20 年见证了两个重大突破。第一个突破发生在拉松在瑞典长期住院的前一年，来自明尼阿波利斯的心脏外科医生 C. 沃尔顿·李拉海（C. Walton Lillehei）与厄尔 · E. 巴肯（Earl E. Bakken）合作，迈出了重要的一步。巴肯是一位工程师和发明家，曾经当过电视修理工，家里的车库就是他工作的地方。李拉海开创了通过心内直视手术来矫正儿童先天性心脏缺陷的先河。由于他的一些患者在康复之前会出现心律失常，他非常渴望用人工起搏器为患者的心脏提供临时辅助。巴肯意识到，节拍器和起搏器解决的是相同的问题，即如何保持节拍。于是，他从一本电子杂志上借鉴了一个小型节拍器的设计，并据此制作了一个起搏器。这个起搏器由一块 9 伏的电池供电，非常小巧，可以绑在患者身上，并用一根导线穿过胸壁直达心脏。

然而，李拉海和巴肯未能解决一个关键问题：导线穿过胸壁留下的洞是永久性的，这无疑为细菌以及它们引发的危及生命的感染打开了一个巨大的门户。解决方案是显而易见的，但也许只是后见之明，那就是将起搏器和导线全部植入患者体内。这就要求起搏器必须非常小，所用的材料必须是无毒的，而且要足够稳定，可以在患者体内运行好几年。

为了解决这个问题，一个瑞典的研究团队使用了硅晶体管。当时，硅晶体管刚刚问世，体积很小，而且可以由一块微小的可充电电池供电。巧合的是，瑞士化学公司汽巴－嘉基（Ciba-Geigy）正好开发出了一种新型的、生物相容性极佳的环氧树脂，其商标名为“爱牢达”（Araldite）。这种树脂起到了很大的帮助作用，森宁和埃尔姆奎斯特用它来密封整个包装。最终，他们制造出一个冰球大小的圆柱形装置，并将其植入拉松的腹部。

遗憾的是，这个起搏器只工作了 8 小时。他们没有气馁，植入拉松体内的第二个起搏器正常工作了整整一个星期。后来，拉松体内的起搏器更换了一次又一次，他健康地活了很多年。2002 年，拉松去世，享年 86 岁。他是死于黑色素瘤，而不是心脏病。他一共经历了 25 次起搏器更换手术，失效的起搏器不断被更小、更好、更安全的起搏器替代。拉松活得比森宁和埃尔姆奎斯特都要久。[20]

奇怪的是，作为植入式心脏起搏器最初的发明者，森宁和埃尔姆奎斯特并没有预见到这种装置即将取得巨大成功。埃尔姆奎斯特曾说：“我必须承认，我曾经或多或少只将起搏器当作一种技术珍品。”[21] 到拉松去世的时候，世界上大约有 300 万人的胸腔里装着心脏起搏器。在今天的美国，医生每年植入患者体内的心脏起搏器超过了 10 万个。[22]

从海曼发明庞大的起搏装置那一天到 20 世纪 50 年代中期，起搏器技术一直处于休眠状态，与其说是与社会学习受到阻碍有关，不如说是与技术发展的速度有关。一个可植入的起搏器必须极其微小，这是用笨重的真空管无法实现的，只能使用小而节能的晶体管。直到 1948 年，也就是海曼发明起搏装置 16 年后，晶体管才被发明出来。此外，植入式起搏器还需要配备体积小、寿命长的电池，并使用像爱牢达那样的生物相容性材料。换句话说，植入式起搏器必须等待，直到人类发明其他几种必需的东西。

创新流的整合造就了心脏起搏器的成功，类似的整合对另一项技术的问世也至关重要。这项技术就是水力压裂，它可以帮助人们从岩石中提取出石油和天然气。借助水力压裂技术，人们得以开采块状油气藏，化石燃料工业因此发生了革命性的变化。然而，环保主义者对这种技术厌恶至极，因为它加剧了我们对化石燃料的依赖，产生了化学废物，污染了饮用水，甚至可能会造成较小的地震。[23] 水力压裂技术的起源可以追溯到19世纪中叶，当时，钻井工人通过在井内深处点燃火药去“轰击”不再产油的油井。这种爆炸不仅会令男孩们甚至成年男子兴高采烈，还会产生令人欣喜的油和水的间歇泉，它们会从钻孔中喷涌出来。此外，爆炸产生的压力会破坏钻井附近的岩层，导致岩石出现裂缝，引导石油或天然气渗入井中，进而将其开采出来。

从这种“火药加压力”的初始状态到1947年水力压裂技术诞生，差不多又过了一个世纪。那时，Stanolind石油公司的工程师弗洛伊德·法里斯（Floyd Farris）意识到，在高压下将流体泵入井中可以达到与爆炸相同的效果。[24] 水力压裂技术似乎应该很快就会作为常规油气开采方法而得到推广，但是事实上，直到几十年后，当水平钻井这项技术成熟时，它才取得了突破性的成功。水平钻井是一项非常了不起的技术，钻头在地下1 000米甚至更深处的岩石中强力掘进时还可以改变方向。钻头从垂直转向水平，形成大约90度的弧度，钻出与地面平行的井眼。水平钻井技术非常重要，因为大多数油气储层都位于比它们宽得多的岩层中，钻井在薄薄的油气储层中越往前延伸，开采出来的石油和天然气就越多。

20世纪80年代，水力压裂技术和水平钻井技术这两股创新流合并到了一起，大规模水力压裂得以实现。在进行大规模水力压裂时，我们需要将超过1 000万升的水和超过10万升的化学物质注入井中，由此产生的压力使地下深处的岩石破裂，释放出大量的天然气和石油。

我详细地描述坏血病治疗方法和水力压裂技术等例子，是为了说明一个简单的观点：不同的创新延迟成功的原因千差万别，我们很难找出这些原因的共同点。这些例子能够告诉我们的就是这个观点。遗憾的是，这些例子无法揭示人类创新历史上更普遍的模式，毕竟它们只是这段历史上的一些奇异的、独特的插曲。最重要的是，这些例子无法告诉我们，那些刚出现就进入休眠状态的创新或发现数量有多庞大。它们会不会只是某些普遍规律的罕见例外？

## 重大的科学进步往往来自不同领域的交叉融合

幸运的是，一个重要的数据来源可以帮助我们回答这个问题，至少对科学史来说是这样。这个数据来源就是科学出版物这种书面记录，它构成了一个长达几个世纪的、不可磨灭的、带有时间印记的发现记录。人们可以利用这个记录来研究科学领域公认和成功的“通用货币”，即科学引文。

当一位科学家引用另一位科学家的研究成果时，前者在某种意义上就对后者的早期研究“欠下了一笔知识债”。引用次数越多，“欠债”越多。换句话说，引用次数可以量化一项研究的影响力。现在，借助引用次数，我们可以预测哪些科学家有机会获得诺贝尔奖这种人们梦寐以求的奖项。[25] 它们还可以帮助大学确定哪些申请者最有前途。这种定量分析是一个专门的学科的研究主题，这门学科叫科学计量学（scientometrics），有时也被称为“科学的科学”。

然而，借助科学计量学来确定科学家的价值可能是有问题的，尤其是对于那些杰出的年轻科学家，他们的研究成果可能需要一段时间才能得到认可。当科学计量学应用于整个研究领域而非个人时，它有助于提高事后评价的敏锐性，并识别出有影响力的研究的普遍历史模式。当我们在电子数据库中对数以百万计的论文进行筛选，以寻找那些处于休眠状态的发现时，这种方法尤其有用。这些发现藏在那些在几年或几十年里很少甚至从未被引用的论文中，当它们被传播开来时，被引用的次数会激增。在科学计量学领域，人们也用“睡美人”这个专业术语来描述那些发表后很久才得到认可的论文。科学计量学家将这些论文每年被引用的次数称为它们的“心跳”，并研究了它们被“唤醒”时“心跳”是如何加快的。[26]

在 2015 年的一项研究中，研究人员对 2 200 万篇科技论文进行了分析。这项研究定义并量化了一个“睡美人”系数 B，它概括了如下信息：一项发现从提出到获得认可的时间、在此期间它被引用的次数、它被唤醒后引用次数激增的速度，以及这项发现在延迟后的爆发期间被引用的次数。B 值最大的那些论文处于一个极端，它们描述了这样一类发现：先是被忽视了几十年，等到属于它们的时代到来时才会受到世人的欢迎。[27] 相反，B 值等于 0 的那些论文不是“睡美人”，它们发表后，被引用的次数迅速飙升，即新的发现很快就得到了认可，那之后被引用次数才会下降。后一种是许多论文的典型模式。

在这项研究中，研究人员想知道的是，这些“睡美人”能否与其他论文区别开来，形成一个很容易区分和统计的论文集群，它可能是一个很小的集群。遗憾的是，答案是否定的。“睡美人”系数在一个连续的范围内变化，从许多论文的很小的 B 值，到相对较少的论文的中等大小的 B 值，再到数量更少的论文的很大的 B 值。值得注意的是，B 值的分布与我们熟悉的钟形曲线或正态分布完全不同，它是一种肥尾分布，它的尾部所包含的论文比钟形曲线的尾部所包含的要多得多，这些论文长期被忽视且 B 值很大。换句话说，先长期休眠再突然苏醒的发现比钟形曲线所预测的要多，即“睡美人”在科学界并非罕见的例外。[28]

科学界中的某些“睡美人”是我们所熟知的，比如修道士孟德尔的发现。当孟德尔在奥地利布尔诺的修道院里埋头研究豌豆的杂交时，达尔文正在潜心撰写《物种起源》。达尔文的理论有一个巨大的“漏洞”，当时的他并不知道遗传是如何发挥作用的，也不知道孩子为什么会像他们的父母。[29] 达尔文不知道的是，孟德尔当时正在努力填补这个“漏洞”。孟德尔对成千上万种豌豆进行了杂交培育，这些豌豆的种子和花朵在形状、颜色和质感上各不相同。在详细记录它们的后代的这些特征的过程中，孟德尔发现了一个奇怪的现象：有些特征在好几代豌豆中都完整地由父母本传给了后代，就像表征遗传信息的不可分割的原子代代相传一样。

1865 年，孟德尔发表了一篇论文，他在这篇论文中描述了这一发现。达尔文可能读到过这篇论文，因为他读过的书中提到过它，孟德尔本人也可能给他寄过这篇论文的副本。然而，没有证据证明达尔文当时认识到了孟德尔的发现的意义。当然，达尔文并不是唯一一个忽视了孟德尔的洞见的人。在孟德尔的论文发表后的 30 多年里，学术界的人都忽视了他的研究成果。[30] 当荷兰植物学家雨果·德弗里斯（Hugo de Vries）在 1900 年重新发现了孟德尔的这篇论文，并引发了遗传学革命时，孟德尔的理论才为世人所知。这场遗传学革命的高潮是基因工程等技术的应用。[31]

在每一个像孟德尔的遗传定律这样广为人知的重新发现背后，都有许多哪怕在苏醒后仍未引起公众注意的发现，其中包括 1953 年的一项研究。这项研究表明，一些细胞在接触到神经递质时会合成类似脂肪的分子，这种分子被称为磷酸肌醇（phosphoinositides）。当时的人似乎不知道如何处理这一发现，结果导致这项研究被忽视了 20 年。当这项研究被重新发现时，人们已经清楚地认识到，这些分子的释放是一条复杂的分子传递链的一部分，这条传递链被称为钙信号（calcium signalling）。[32] 当细胞之间需要交流时，钙信号发挥着关键作用，它有助于细胞分裂、肌肉收缩、胚胎发育和神经元放电。

1971 年发表的一篇论文也有类似的遭遇。在这篇论文中，一个日本研究团队描述了一种新的视网膜疾病。然而，这篇论文被忽视了十多年。当其他研究人员重新发现了这种疾病，并发现这种疾病是由疱疹病毒感染引起的之后，这篇论文才引起了人们的注意。[33]

这些以及其他许多神秘的发现都是不成熟的，原因是它们必须等待其他的发展才能获得成功。借用科学计量学的行话，我们可以称这些发展为“王子”。例如，“王子”唤醒了一篇休眠的论文，这篇论文被引用的次数就会激增。[34] 对磷酸肌醇来说，“王子”就是关于细胞通信的发现。对视网膜疾病来说，“王子”就是病因的发现，而病因对诊断和治疗非常重要。换句话说，科学发现就像技术创新一样，其成功可能离不开多种构建模块。你可以将这些模块想象成模型飞机的部件，你从工具包中拿出这些部件来组装，只有当所有部件组装在一起后，模型飞机才能飞起来。

这些构建模块通常来自其他学科。事实上，3/4 的“睡美人”都是被其他学科的发展唤醒的，[35] 这提醒我们，**重大的科学进步往往来自不同领域的交叉融合。**[36]

有一些构建模块甚至不一定是科学发现，它们有可能来自其他领域。1928 年，弗莱明发现了青霉素，在此后的 10 余年里，它只是实验室里的一种珍贵物质。毕竟，发现一种能产生抗生素的霉菌是一回事，将这一发现转化为一种有用的药物则是另一回事。当时，没有人对青霉素表现出浓厚兴趣，所以弗莱明在 1929 年放弃了对青霉素的研究。后来，世人对青霉素产生了兴趣，其中一个重要原因也与科学完全无关，而是第二次世界大战爆发后，成千上万的士兵死于伤口感染。[37] 即便有这样的动机，青霉素的分离、临床试验和大规模生产也需要一个跨学科团队付出多年的努力，其成员来自英国和美国。1942 年 3 月，第一个美国患者接受了青霉素治疗（见图 9-3）。

图 9-3　庆祝青霉素问世的海报

这样的模式也存在于许多最初看似无用的发现中，只要给它们足够的时间，它们就会展现出极高的应用价值。这样的发现在数学中似乎特别多，也许是因为数学家和许多艺术家一样，满怀自豪地追求那些没有直接效用的目标。英国著名数学家 G.H. 哈代在数论方面有着巨大的贡献，1940 年，他在职业生涯即将结束时这样写道："我从未做过一项有意义的研究。我的所有发现，无论是直接的还是间接的，无论是好是坏，都不会，也不可能对这个世界的发展产生丝毫影响……从所有实用标准来衡量，我的数学生涯的价值为零。"[38]

据记载，哈代的同行、数学家伦纳德·迪克森（Leonard Dickson）以一种更简洁的方式表达了相同的观点："感谢上帝，数论没有被任何应用玷污。"[39] 数百年来，数论一直被认为是最纯粹的数学领域之一，很少得到实际应用。哈代和迪克森都不知道，他们深藏在象牙塔中的珍宝将会发生什么。随着计算机的出现，数论的应用呈爆炸式增长，到 20 世纪后期，数论已经帮助我们解决了物理、金融、生物技术等领域的诸多问题。当然，数论最重要的应用领域是计算机科学。在今天，对确保整个互联网安全通信的密码算法来说，数论仍然是至关重要的。[40]

另一个被称为群论（group theory）的数学分支最初也属于纯数学，从 20 世纪 20 年代开始，群论在粒子物理和晶体化学等领域变得非常重要。物理学的数学基础也是如此，其中包括詹姆斯·克拉克·麦克斯韦（James Clerk Maxwell）在 1865 年提出的复杂方程组，该方程组将光、电和磁联系起来。麦克斯韦对该方程组的应用并不感兴趣，海因里希·赫兹（Heinrich Hertz）也一样。在麦克斯韦方程组问世 20 多年后的 1887 年，当赫兹设计制作的仪器产生并探测到无线电波时，他最早证明了麦克斯韦方程组揭示的不仅仅是数学真理。在 19 世纪 90 年代，即麦克斯韦提出著名的方程组 30 多年后，古列尔莫·马可尼（Guglielmo Marconi）开发出了无线电报和无线电，麦克斯韦方程组的第一个杀手级应用终于出现。[41]

早在1893年就发表的多篇论文比这些例子更值得关注，它们描述了分析数据的统计方法，却在整个20世纪都几乎不为人知。这些论文中最早发表的那部分在整个20世纪一直处于休眠状态，直到21世纪初才引起人们的注意，其中描述的统计方法也得到广泛应用。原因很简单，大数据和强大的计算机可以让这些方法发挥作用。[42]深度学习也是如此，作为人工智能的一个分支，它利用神经网络来识别语音、对图像进行分类和进行面部识别，获得了巨大的成功。这个理念可以追溯到20世纪60年代，并在20世纪80年代得到快速发展，但是它的力量需要依靠大规模的数据集才能释放出来，这样的数据集直到21世纪才出现。[43]

与生物进化中的创新一样，人类的许多发明和发现都处于休眠状态，而更多、更完整的历史记录有助于我们找出它们休眠的原因。这些原因千差万别。有一些创新休眠的原因可能只是纯粹的不幸，就像孟德尔的研究成果那样，在他所生活的时代，学术界与一潭死水无异。其他因素包括根深蒂固的偏见、抵制变革的惯性和实力强大者的营销能力等。此外，唤醒创新所需的许多科学发现或技术发展都是未来才出现的。每一项创新都是独一无二的，它们似乎没有相同之处。不过，在更深的层次，它们确实拥有一个共同点，而且这一点才是至关重要的，即它们都不受创新者的控制。这种共性就像一条红色的线，一直延伸到生命的起源，当然也可以为今天的人类创新者提供经验教训。

# 唤醒创新睡美人
Sleeping Beauties

1. 3/4 的“睡美人”都是被其他学科的发展唤醒的，这提醒我们，重大的科学进步往往来自不同领域的交叉融合。

2. 许多最初看似无用的发现，只要给它们足够的时间，它们就会展现出极高的应用价值。

3. 唤醒创新所需的许多科学发现或技术发展都是未来才出现的。

# 结　语

## 创造一个让创新能够成功的环境

人类创新者能从本书讨论的主题中找到一点安慰吗，尤其是那些正在努力寻求创新的人？在给出答案之前，请允许我先简单地回顾一下这些主题，看看它们对我们所取得的成功和遭遇的失败有什么启示。

本书的第一个主题是多次发现，19 世纪的英国历史学家和政治家托马斯·麦考莱（Thomas Macaulay）曾这样描述多次发现：**“太阳尚未跃出地平线，阳光就已照亮山丘；真理在为大众所知之前，最高尚的人就发现了它。这就是它们的优势所在。”**

这两句话也反映了麦考莱对天才及其在科学技术中的作用的悲观看法。天才只是领先了其他人几步而已。这一观点得到了一系列多次发现的支持。事实上，情况可能比麦考莱描述的还要糟糕，这些天才的发现往往因为太超前而不被认可。

这样的例子有很多，我在本书中只列举了其中一部分。例如，当亨利·卡文迪什（Henry Cavendish）于1810年去世后，他未发表的研究记录得到了曝光，这些记录表明，化学和物理领域的很多早期的独特发现并没有那么独特，卡文迪什早就发现了它们，其中包括有关电流和电压的欧姆定律，以及氢气燃烧会产生水这一现象。同样，许多数学家的发现看似都是独一无二的，其实在18世纪的数学家高斯的私人笔记中早有记载。[1]

因此，多次发现是常态，只发现一次则是例外，独一无二的天才也是例外。如果传统观念告诉我们事实并非如此，那是因为历史是由胜利者以及那些善于自我推销的人书写的。

在其他物种中，独一无二的天才的地位似乎也不高，黑猩猩的白蚁捕食术、海豚的海绵捕鱼法和猕猴的洗红薯方法等创新都曾被多次发现。同样的道理也适用于无意识的生物进化过程。最著名的例子就是复杂器官，比如眼睛在进化史上被多次发现，软体动物、苍蝇和水母等有别于人类的动物也进化出了眼睛。[2]

许多不太有名的例子同样引人注目，其中一个例子与钩鼻海蛇（*Enhydrina schistosa*，见图10-1）有关。钩鼻海蛇因头上的鳞片排列成钩状而得名，这种结构可以帮助它捕食带刺的鱼。钩鼻海蛇的攻击性出了名的强，它能够产生一种致命的毒素，在亚洲和澳大利亚的海域，大多数被海蛇咬伤致死的人都是中了这种毒。这种致命的毒素看起来似乎是独一无二的，然而，研究人员在根据钩鼻海蛇的基因重建其进化史后发现，其实存在着两个物种，一种生活在亚洲，一种生活在澳大利亚。这两个物种独立地进化出了一系列惊人相似的特征，从钩状结构到攻击性行为，再到致命毒素的化学成分。[3]

这种趋同进化一直延伸到了亚微观层面，比如咖啡因这样的分子，它们能够帮助植物抵御敌人。在进化过程中，咖啡因在咖啡豆、可可豆和茶叶等植物果实和叶子中至少出现了 3 次，每次都是完全相同的分子，由完全相同的 24 个原子组成，这些原子的排列方式也完全相同。[4]

图 10-1　钩鼻海蛇

由于默顿倍数在自然界中频繁出现，剑桥大学古生物学家西蒙·康威·莫里斯（Simon Conway Morris）认为，生命的创新都不是独一无二的。[5]2015 年，莫里斯在接受《独立报》（*The Independent*）采访时说："我常对别人说，'把你说的只进化出来过一次的东西给我看看'，然后我会观察它，接着跳起来说'它不只进化出来过一次，我可以再给你举个例子'。"他还认为，即便是地外生命，看起来也和人类很像。[6]另一些科学家则表示，不用急着讨论地外生命，也不需要到其他星球去寻找只进化出来过一次的物种，地球上就有变色龙、百岁兰和鸭嘴兽等奇异物种。[7]

我要强调的是，独特的外表可能具有欺骗性。由于进化的时间尺度长得令人难以置信，我们对生命历史的认识实在是漏洞百出。谁又能肯定，一种新的生命形式、身体形状或分子在无数年前没有反复进化出来，但到了今天只剩下一种，岁月抹去了那些失败的尝试留下的痕迹？想想我在第2章中提到的最早的哺乳动物，它们看起来像树鼩、海狸和鼯鼠。作为生命形式，它们进化出来，然后又灭绝了，并且会再次出现，还有可能出现很多次，直到数百万年后最终取得成功。

关于任何一项自然创新或技术创新是否真的只出现过一次，人们还将争论下去。无论结果如何，默顿倍数大量存在就足以表明，在自然和文化中，创新通常是很容易的。虽然我们不知道所有的原因，但是有一个重要的原因已经很清楚明了，那就是许多创新都不是从零开始的，这也是它们的共同特征之一。换句话说，**新的创新是以旧的创新为基础。**

在15世纪，约翰内斯·古登堡（Johannes Gutenberg）发明了印刷机，彻底改变了媒介技术。事实上，他只是将螺旋压榨机和活字印刷术结合起来，这两项技术都已经存在了几个世纪。自罗马时代以来，人们就用螺旋压榨机来酿酒。活字印刷术起源于中国，早在古登堡时代之前，欧洲的图书中就提到了活字印刷术。与此类似，独轮车在欧洲的起源可以追溯到12世纪，它是杠杆和轮子这两种非常古老的技术的一种组合。[8]

有一种吸收原有技术的方法极为特别，它不是利用现有的技术，而是利用现有的知识。例如，雷达这种创新就是基于现有的知识，即金属物体可以反射无线电波，就像镜子可以反射光线一样。大自然激发了许多类似的创新。我们以东门中心（Eastgate Centre）的设计为例，这是一个位于津巴布韦哈拉雷的购物和办公综合体，设计师在设计冷却系统时受到了白蚁丘的启发，当热空气上升穿过白蚁丘并将冷空气吸入白蚁丘后，白蚁丘就会被动冷却下来。维可牢尼龙搭扣的设计灵感也来自大自然，当时，瑞士发明家乔治·德·梅斯特拉尔（George de Mestral）在森林中遛狗，他的裤脚和狗身上都粘上了毛刺，他从中获得启发，发明了这种搭扣。

## 成功非源于创新本身，而源于外部世界

事实上，在这种“吸收并组合”创新方面，大自然才是真正的大师。当细菌改变自己的新陈代谢，从包括抗生素等人造毒素在内的新的分子中获取能量和物质时，它们会交换基因组片段，并尝试基因和酶的新组合，直到找到一种可以消化新的食物的组合。DNA 本身就是组合创新的终极引擎，它的 4 个字母可以重新组合，并通过突变成为新的基因和基因组，正是这一过程产生了现存的数以百万计的物种。

频繁的“吸收并组合”也暗示了旧的创新服务于新目标的巨大潜力，还引出了另一个主题：许多创新都是在沉寂的状态下默默诞生的。当改变原有的创新不一定是为了迎接新的挑战时，这一主题就会得到充分体现。新陈代谢及其分子道路网络就是这种情况。新陈代谢可以消化以前从未遇到过的分子，只要这些分子能通过它的许多化学途径中的某一条，这有点像一条道路，它可以供那些不是为之建造的人使用，只要他们的房子靠近这条道路。

这样的创新也潜藏在混杂酶中。一种混杂酶可以执行十几项任务，即便它进化出来只是为了执行一项任务，比如制造一种化学武器。这样的创新也存在于人类的大脑回路中，因而科学和技术得以不断发展。例如，那些使阅读成为可能的神经回路并不是为了识别字母和单词而进化出来的，而是为了识别物体和景观。不过，字母和单词与其他物体有很多共同点，因此，在人类需要阅读时，这种比人类还古老的神经回路就

能帮助人类阅读。

这样的创新要想获得成功，可能不需要改变原有的神经回路、分子或技术，但是它们所处的环境必须有所变化。这些创新以最纯粹的形式体现了本书最后一个也是最重要的主题：**创新能否获得成功，取决于它所处的世界。**

这就是一项创新在成功之前需要耐心等待的原因。我们所知道的所有“睡美人”都需要等待少则数年、多则数百万年的时间，直到这个世界准备好迎接它们。它们的等待有多种形式。有些创新在文化或自然的边缘地带生存了下来。草、蚂蚁和鸟类都是“睡美人”，它们在数百万年的时间里勉强维持着生存，直到属于它们的时代到来，才获得了巨大的成功。“睡美人”中还包括人类的许多创新，甚至包括很多仍在等待的创新，比如未来某一天也许会大获成功的燃气吸收式冰箱，这些创新要么继续艰难求生，要么最终彻底消失。

有一些创新能够坚持下来，是因为它们的新功能就是原有功能的副产品，其中一个例子是晶体蛋白。晶体蛋白可以加速化学反应，由于它们在浓度很高时也不会凝结，所以可以帮助衍射眼睛中的光线。很多创新则一直未能发挥作用。在文化领域，这样的创新包括被遗忘的小说、被忽略的交响乐和被忽视的专利。在自然界中，这样的创新包括大型基因组包含的数百个新近诞生的基因。[9]

每一个这样的基因都是一种有待寻找问题的解决方案，如果问题永远不会出现，那么相应的基因最终就会消失。突变会慢慢地将这个基因的DNA变成一堆乱码，或者将它从基因组中删除，就像一份被遗忘的手稿最终会消失一样，要么在大火中灰飞烟灭，要么在回收箱中黯然呜咽。有些创新实际上已经消失了，比如早期哺乳动物的生活方式或者早期治疗坏血病的方法。它们必须等到未来的某一天被重新发现。如果创新变得越来越容易，那么它们早就永远消失了。

至于“睡美人”沉睡的原因，那就更加多样了。许多数学发明都是“睡美人”，比如数学家格拉斯曼创立的线性代数。它们为什么会被忽视了几十年？这或许可以归因于难以捉摸的时代精神。有时候，时代精神也会阻碍那些追求实用性而非美或真理的发现，其中一个例子是雷达。德国人克里斯蒂安·赫尔斯迈耶（Christian Hülsmeyer）最先发明雷达，在他看来，无论在战争期间还是在和平时期，雷达都是一种能拯救生命的技术。然而，其他人并不认同他的观点，德国海军甚至认为雷达是可有可无的。20 年后，德国人和英国人不得不重新发明雷达。[10]

政治也是这种时代精神的一部分。韩文发明于 15 世纪，它将著书立说的权利从精英阶层扩展到普通大众。不过，这也带来了一个意想不到的后果：由于广大群众可以利用这种新技术来表达自己的意见，它就威胁到了统治阶级。当人们运用韩文来批评国王时，这种文字就被禁止了，直到半个世纪后才被解禁。[11]

正如我们讨论过的一些技术创新所表明的那样，人类的优点或弱点并不是决定创新成败的唯一因素。只有等到水平钻井技术成熟后，水力压裂技术才能彻底改变石油行业。当晶体管驱动的电子设备、小型电池和无毒材料使心脏起搏器植入患者体内成为现实之后，心脏起搏器才能真正发挥作用。只有在大规模生产青霉素的技术出现后，青霉素才能彻底改变医学，而这项技术花了十多年的时间才发展起来。

生物进化中的创新也体现了类似的观点。这些创新告诉我们，即便在一个没有人类的世界里，在正确的时间和地点进化出来也很重要。蚂蚁在成功之前要等上几千万年，直到开花植物不断扩散并形成了极富多样性的广阔森林，它们才能够分化成 1 万多种。在除了早期的鸟类之外的所有恐龙灭绝之后，哺乳动物才繁盛起来，而鸟类也不得不等到与它们有亲缘关系的恐龙灭绝之后才兴旺起来。仙人掌只能在干燥的地方生存，所以它们不得不等待气候发生变化。

气候变化、现有技术、小行星撞击、权力政治、大气中的氧气含量、个人偏见、植物多样性、政治动荡等都有可能导致创新延迟成功，这些因素几乎没有共同点，这不禁让人想起一句老话："历史就是一件该死的事情接着另一件该死的事情。"实际上，这些因素有一个共同点，即它们不是源于创新本身，而是源于外部世界。

我们可以从这些因素中得出一个令人不安的结论：任何一项创新仅靠自身的优点不可能获得成功。对那些相信创造性成功源于内在天赋的人来说，这个结论可能很难接受。在大多数人看来，如果一部小说非常感人，那么它应该迅速成为畅销书；如果一项科学发现具有开创性，那么它应该受到广泛赞誉；如果一种新药的效果非常好，那么人类肯定离不开它。事实却是，没有一项创新仅凭其内在特征或"品质"就可以取得成功。那部小说可能只会引起一小部分读者的兴趣，那项科学发现可能会受到主流观点的影响，那种新药可能还无法大规模生产。

此外，"内在品质"这个概念往往是难以捉摸和模棱两可的。一些自然创新充分证明了这一点，其中一个例子是一种古老的分子创新。在这种分子的帮助下，许多生活在非洲疟疾肆虐地区的人得以活下来。这种分子会使血红蛋白中的一个氨基酸发生突变，而血红蛋白可以帮助血液运输氧气。这种突变实际上是一个巨大的蛋白质中几个微小原子的变化，它会产生巨大的影响，即阻止导致疟疾的微小原生动物在人体内传播。在疟疾肆虐地区，那些携带这种突变的人比其他人更健康。经过许多代之后，由于自然选择的作用，携带这种突变的人的后代会越来越多。今天，在非洲的某些地区，超过 20% 的人携带着这种突变。[12]

这个例子非常明确地表明，某些突变可以保护我们的身体免受某种疾病的侵害，这当然是一件大好事。不过，在大多数生物学专业的学生看来，这种突变算不上一种创新，甚至在很多学习了生物这门课程的中学生看来也是如此。相反，它被视为一种病因，其引起的疾病与疟疾一样具有毁灭性，这种疾病就是镰状细胞性贫血，因其致使红细胞呈现为异常的镰状而得名。这些细胞不能运输氧气也是缘于一个突变，即那个能够防止疟疾的突变。由于我们携带着每个基因的两个拷贝，编码血红蛋白的基因也有两个拷贝。如果这两个拷贝中有一个发生了突变，我们就会患上轻度贫血，但是对疟疾有抵抗力。如果两个拷贝都发生了突变，我们就会患上有可能危及生命的重度贫血。[13]

镰状细胞突变并不是唯一的双刃剑式基因创新，类似的基因创新是与预防结核病有关的一些突变。结核病已经传播了至少 1.5 万年，在 16 世纪到 20 世纪之间造成至少 20% 的欧洲人死亡。不幸的是，这些突变也是双刃剑式的，其中一些除了能够预防结核病，还会导致囊性纤维化。在欧洲，囊性纤维化是一种极为常见的遗传性疾病，与镰状细胞性贫血一样致命。[14]

概括来说，许多 DNA 突变既可能是有益的，也可能是有害的，具体取决于它们发生的时间和地点。遗传学家将这种常见的现象称为基因型与环境互作。[15] 它模糊了好与坏的区别，至少在生物学领域是这样。如果美存在于观察者眼中，那么效用也是如此。

## 在寂静无声中成熟的果实

荷兰画家约翰内斯·维米尔被认为是上个千年中被世人遗忘得最久的创作者之一。他出生于1632年，作为一位画家，他一生创作的作品并不多，只有大约50幅。考虑到他有11个孩子要养活，这个数量就显得太少了。维米尔在世时就得到同行的尊重，但是这种尊重并没有转化为画作的售价。1675年，在战争和经济危机期间，维米尔在穷困潦倒中去世，给妻子和孩子留下累累债务。他的作品很快就被人们遗忘了，尘封了将近两个世纪。在此期间，艺术史学家和评论家一直忽视了他。

转折点出现在1866年，当时，法国艺术评论家泰奥菲勒·托雷－比尔热（Théophile Thoré-Bürger）出版了一本维米尔作品目录，该作品目录一经面世，迅速传播开来。似乎是为了弥补失去的时间，维米尔的绘画风格广受欢迎并被很多人模仿，他也很快就被人们赞誉为绘画大师。如今，维米尔的画作甚至通过小说和电影渗透到了流行文化中，其中最广为人知的是《戴珍珠耳环的少女》。

很多创作者都一度被严重忽视，但最终大获成功，维米尔只是其中之一。美国博物学家和兼职隐士梭罗也是这样一位创作者，他在1854年出版了著作《瓦尔登湖》，描述了他在瓦尔登湖周围的树林里度过的两年隐居生活。[16] 这本书首次出版时销量并不高，而且仅仅6年后就绝版了。它经历了一段漫长的休眠期，后来被20世纪的环保主义运动唤醒，最终成为美国最著名的文学作品之一。

另一个例子是济慈，我在引言中提到过他。济慈生活的时代对诗人来说并不算坏，像拜伦的《海盗》（*The Corsair*）这种风行一时的叙事诗一天就能卖出 1 万本。当时，一位善于迎合风尚的诗人的一本诗集可以卖到 3 000 多英镑，相当于今天的 25 万美元。然而，这样的成功是济慈无法企及的。他出版的第一本诗集没卖出多少，他的一位密友说，这本诗集还不如拿到廷巴克图（Timbuktu）① 去出版。一位评论家将济慈的叙事诗《恩底弥翁》（*Endymion*）描述为“愚蠢的白痴之作”。济慈去世几十年后，他的作品才得到了认可。

在某种意义上，巴赫也是这样的创作者。在巴赫生活的时代，他作为一位键盘演奏家和作曲家而备受尊敬，但是他创作的合唱曲并不受欢迎，考虑到他如今在音乐界的崇高地位，这是相当令人惊讶的。巴赫同时代的人喜欢比较简单的歌曲。到了 1800 年，也就是巴赫去世半个世纪之后，一位评论家还认为巴赫创作的合唱曲复杂到了荒谬的程度。此外，巴赫的作品被认为没有跟上潮流，而且在他去世后就过时了。在他逝世后的几十年里，他的作品仅仅被用作和声和对位法的教学工具。如果不是 1802 年出版的巴赫传记让公众重新熟悉了他的作品，他的作品最终可能会被世人彻底遗忘。另一个转折点是 1829 年著名的《马太受难曲》上演，它掀起了一股席卷大众的浪潮，并且一直持续到了今天。[17]

这样的创作者还有很多，比如埃尔·格列柯、艾米莉·狄金森、赫尔曼·梅尔维尔、凡·高等，他们都没有从广播和电视中获益，而广播和电视可以将信息传播给数百万人。他们更没有从向数十亿人传播信息的互联网中获益。这也许可以解释在他们去世很久后作品才得到认可的原因。如果所有人都知道济慈，也许我们就能立刻认出谁是下一个济慈。然而，许多被遗忘的创作者并不是不为人知，所以这一点不是唯一的原因。实际

① 廷巴克图又名通布图，是马里的一座历史文化名城，后来成为遥远的未知之地的代名词。——编者注

上，他们往往拥有一小群忠实的朋友，在他们的作品被世人遗忘之前，这些朋友会推广他们的作品。

在当今世界，即便信息可以在全球范围内快速传播，同时互联网又提供了电子形式的永久档案，很多作品还是会被人遗忘。事实上，这种情况似乎变得更加严重了。这要归咎于每天席卷我们、占据我们感官的沉浸式信息海啸。

这种“遗忘的繁荣”有一个标志，即“失落的经典”或“被遗忘的好书”这个文学类别的快速发展。纽约书评经典系列致力于重新出版绝版图书，这些图书的伟大之处几乎都得到了文学名人的认可。这个系列目前包括了数百本以前被遗忘的图书。“重新出版”和“失落的美国小说”等系列也收入了许多从未获得关注的图书。很多作家的作品出现在网络出版的文集和选集里，这样的作品集包括《无名的杰作》(*Unknown Masterpieces*)和《他们白白死去了》(*They Died in Vain*)等。

由是观之，被世人遗忘却又令人难忘的作家一定成千上万。当代作家斯蒂芬·马尔切(Stephen Marche)表达了相同的观点：“涓涓细流终会汇入冷漠的海洋……坚持可能是作家的一种真正的美德，一种与愚蠢难以区分的救赎。无论发生什么，都要坚持下去。继续努力，直到宇宙尽头。不要惧怕失败，要屡败屡战。”[18]

为什么作品的艺术价值以及天才并不总是能立即得到普遍认可？这个问题一直困扰着无数苦苦挣扎的创新者。哲学家汉娜·阿伦特(Hannah Arendt)等人不禁怀疑，“无人赏识的天才”只是“那些不是天才的人的白日梦”。不过，这并不是全部的真相，正如维米尔、梭罗、济慈和其他许多人的故事所表明的那样。

**真相的关键在于，“睡美人”不仅存在于艺术领域，也存在于技术、科学、数学等领域，甚至可以追溯到生命的起源。它们无处不在，这一事实本身就表明创新是不能独立存在的，它们必须诞生在一个适合它们的世界。**我们可以从这个普遍存在的基本事实中总结出两个策略，这些策略能够帮助人类创新者获得成功。

第一个策略是倾听世界的声音，找出它想要的是什么。这正是成千上万的作家、编剧、出版商、电影制片人、作曲家、导演和其他专业人士在努力打造下一部精品时所做的事情。在《引爆流行》(*Hit Makers*)一书中，德里克·汤普森（Derek Thompson）深入探讨了新事物获得成功和遭遇失败的原因，并研究了“成功的爆款”与“失败的庸作”之间的区别。汤普森在书中提出了一些原则，比如“MAYA”，即既要最新鲜，又要最容易被接受。他认为，从畅销书到热门歌曲，一件成功的作品必须在新事物与公众熟悉的事物之间达到平衡。[19]

这些原则在事后总结时可能很有用，但在预测未来方面，汤普森给出的结论令人很沮丧：“在预测未来方面，每个人都很无知。”有一位编剧用一句更简洁的话表达了相同的观点：“无人知晓任何事。”齐柏林飞艇这样的流行乐队、“哈利·波特”系列这样的图书、《美国偶像》这样的电视节目，以及苹果手机这样的标志性产品都证明了汤普森的观点是正确的，人们曾预测它们难逃“见光死”的命运。[20]

如果第一个策略不起作用，那么换一种策略如何？既然找出这个世界想要什么行不通，那就改变世界，创造一个能让创新获得成功的环境。这是一个雄心勃勃的目标，只有人类才有可能实现它，其他物种做不到这一点。例如，对那些弱小的哺乳动物来说，即便知道巨大的恐龙阻碍了它们的发展，它们也无能为力。事实证明，对任何一个人来说，这个目标都过于宏大了。有两个例子可以证明这一点。

第一个例子与爱迪生有关。在爱迪生所处的时代，为了给家庭、企业和公共场所提供安全的绿色照明，各方之间展开了一场激烈的竞争。当时，煤气灯非常受欢迎，但是它会产生很多煤烟，不仅严重污染环境，而且容易发生致命的爆炸。爱迪生和其他改进白炽灯泡的人都知道电灯更节能环保，但是这种发明只有在合适的环境中才能成功。在这种环境中，电力可以实现大规模生产并输送到成千上万的客户那里。因此，他们决定创造这样的环境。

在这个过程中，成千上万的企业恳求爱迪生为自己的工厂安装发电设备，但是爱迪生有一个更宏大的目标——为整座城市供电。[21] 因此，他打算在纽约曼哈顿珍珠街建造一座巨大的燃煤中央发电厂，这是美国有史以来第一个此类项目。除了高昂的土地开发成本，这个项目还面临着许多技术挑战，其中包括建造巨大的发电机，以及在人口密集的城市铺设数千米长的电线。每当有人因触碰电线而触电时，煤气公司就会幸灾乐祸地指出电的危险性，所以爱迪生决定把所有的电线都埋在地下，但是这又带来了新的问题。发电厂的建造花了好几年的时间，1882 年，发电厂终于投入使用。最初，这座发电厂只能为曼哈顿地区的 400 个电灯泡供电，但是在两年内，这个数字就增加到 10 000。[22]

就这样，一场让整个美国走向电气化的竞赛拉开了序幕，这将是一场马拉松比赛，而不是一场短跑比赛。爱迪生只用了几年的时间就建成了一座公用发电厂，然而，成千上万的工程师、商人和政治家花了半个世纪才为电力的成功创造出一个良好的环境。[23] 到了 1939 年，当时的国会议员林登·B. 约翰逊（Lyndon B. Johnson）还在和电力公司斗智斗勇，只为让得克萨斯州的农村通上电。后来，约翰逊成为美国第 36 任总统。[24]

第二个例子涉及运输行业，这个领域也发生了类似的斗争。我在第 9 章提到过，轮子起源于埃及和中美洲，但中美洲的奥尔梅克人等古老的民族并没有用轮子来制造交通工具。轮式运输工具要想取得成功，需要有一个合适的环境，比如平整的路面，如铁路或公路。当美国的铁路公司在 19 世纪初建成时，它们不得不从零开始创造这样的环境，一米一米地铺设铁路，首先在美国东部，然后横跨整个美国，这花了大约半个世纪。

汽车要想获得成功也需要合适的环境，创造这样的环境同样需要很长时间。在 20 世纪初，当亨利·福特即将卖出数百万辆价格实惠的 T 型车时，一位观察家指出，远离城市的地方“连道路都没有”。[25] 由于当时美国的铁路公司对交通运输的垄断令公众厌恶至极，美国政府便转而大力支持公路建设，减少了给予铁路项目的补贴。那些铁路公司扼住了客户的喉咙，其中有许多是农民，他们需要把产品推向市场。公路建设还得到了来自军方的助力。军方认为，在战争中，平整的道路对于运送士兵和装备至关重要。汽车制造企业也采取了一些手段，例如，买下当地的有轨电车线路，然后用公共汽车取代有轨电车。最终结果是，汽车不再是与火车竞争，而是摧毁了铁路行业。

从 1830 年巴尔的摩市至俄亥俄州的铁路建成通车，到 1956 年开工建设、1992 年才完工的州际公路系统，一个多世纪过去了。这一次，这个过程的参与者依旧成千上万，甚至多达数百万。任何一个创新者仅凭自己都无法如此大规模地改变历史，即便是像福特这样权势显赫的大亨。

对每个人来说，改变世界或预测世界的发展趋势都是不切实际的幻想。那么，一个苦苦挣扎的创作者若是知道“睡美人”是普遍存在的，以及创作者的作品能否获得成功并不取决于创作者本人的能力，他还能从中获益吗？这个问题让我想起了一个老笑话。一名男子告诉一位朋友，多年来他一直在接受精神分析治疗。朋友问他:“这种治疗对你有帮助吗？”“没有，”那名男子回答，“不过现在我至少知道自己为什么会搞砸了。”了解创新的深度历史也许不能帮助我们改变我们在世界上的位置，但是有助于我们充分利用这个世界，还可以让我们从创造性的工作中获得满足感，即便我们所做的可能对整个宇宙来说永远都无关紧要。

我们必须接受一个事实，即每一件创造性作品都只是有可能让创作者获得成功。对此，生物学家肯定不会感到惊讶，因为若将这种观点应用到进化的产物上，便是一个世纪以来达尔文进化论的核心观点。当生物学家将 DNA 突变称为“随机突变”时，他们所表达的意思是，突变不太可能产生新的、有用的东西，而更有可能产生新的、有害的东西。[26]

这个原则也适用于人类创新，如果你觉得这很难接受，那么可以参考无可辩驳的科学记录以及数以百万计的相关出版物，这应该会对你有所帮助。这些记录通过揭示成功的普遍模式传达了一个明确的信息。这种模式可以追溯到 19 世纪，广泛存在于历史、地质和数学等领域。研究表明，最成功的科学家往往是那些一生中发表论文最多的科学家。例如，诺贝尔奖获得者发表的论文数量是其他科学家的两倍。此外，科学家通常在发表论文最多的年份发表最重要的研究成果。科学计量学还打破了“数学家和物理学家在年轻时最优秀，生物学家在年老时最优秀”的说法，并证明了成功的机会在学者的一生中不会系统性地改变，除了整体生产力。心理学家、创造力研究专家迪恩·西蒙顿（Dean Simonton）将这种模式称为“失败的恒定概率”。[27]

这就像买彩票一样，中奖概率是恒定的。这种彩票与其他彩票一样，你若是想中奖，最简单的方法就是尽可能多地购买你能买得起的彩票，也即创作出尽可能多的作品，这样你就能最大限度地提高成功的概率。然而，与买彩票一样，你的大部分作品都会以失败告终。

这当然是一个问题，但是只有当你执着于成功时，这才会成为一个问题。奇怪的是，许多杰出的创作者并不会受到这个问题的困扰。心理学家、创造力研究专家米哈里·希斯赞特米哈伊（Mihaly Csikszentmihalyi）①采访了91位非凡的创作者，然后得出了这个结论。这些创作者包括艺术家、作家、科学家、演员、音乐家、建筑师和工程师。

小说家纳吉布·马哈福兹（Naguib Mahfouz）说："我热爱我的工作，胜过爱它所产生的作品。"作家理查德·斯特恩（Richard Stern）则说："在你创作状态最好的时候，你不会去想，你要怎么做才能通过创作取得成功。"心理学家唐纳德·坎贝尔（Donald Campbell）告诫年轻人："如果你不喜欢科学，那么即便别无其他成名途径，也不要从事科学研究。"

杰出的创作者通常对成功有自己的看法。神经心理学家布伦达·米尔纳（Brenda Milner）宣称："每一个新的小发现都令人兴奋，即便是很小的发现。"发明家弗兰克·奥夫纳（Frank Offner）则说："我最喜欢的就是解决问题。如果我能搞清楚为什么我的洗碗机没法使用了，或者神经系统是如何工作的，又或者其他一些问题，那就太有趣了。"诺贝尔物理学奖获得者苏布拉马尼扬·钱德拉塞卡（Subrahmanyan Chandrasekhar）说："我从来没有从事过光鲜的工作……外在的成功往往是无关紧要的、错误的、错位的。"[28]

① 希斯赞特米哈伊是"心流"理论提出者、积极心理学奠基人，他的代表性著作《创造力》揭开了14位诺贝尔奖得主的创新秘诀，对心理学等领域产生了革命性影响。该书中文简体字版已由湛庐引进、浙江人民出版社出版。——编者注

这样的创作者享受的是创造过程本身，而不是最终完成的作品。用心理学术语来说，他们所做的事情“自成目标”，即他们的工作本身就是目标。他们还拥有心理学家所说的内在动机，即为了快乐而进行创造，而快乐本身就是一种满足。心理学家指出，内在动机比赞扬、名誉或金钱等外在动机强大得多。[29]

这种内在动机并不是少数杰出人士所独有的，无数默默无闻的人也拥有这种动机。我们可以借用希斯赞特米哈伊的话：“当我们全身心地投入一项创造性活动时，我们会觉得自己比其他时候活得更充实。[30]希斯赞特米哈伊因提出“心流”这一概念而闻名，而“心流”是指一个人完全沉浸在一项活动中的愉悦的精神状态。当人们被问及在做自己喜欢的事情时最享受的是什么时，他们会说“设计或发现新事物”。[31]

这也许就是“‘睡美人’无处不在”“声名水上书”等洞见带给创新者的关键启示：如果创造本身就是一个充满快乐、幸福和爱的过程，那么创造不为人知的宝石所花费的时间就是有价值的。事实上，即便是那些因失败而感到绝望的创作者，可能偶尔也会窥见这个真理。济慈就是其中一个，他通过在大自然中漫步来摆脱这种绝望。在大自然中，济慈潜心观察着周围蓬勃的生命，忘却了名和利。散步使济慈的思想进入了一个新的境界，以往困扰着他的种种因素再也不能影响他分毫。他在散步时的所见所闻让他深受感动，这也在他的一些诗作中留下了印记，他在诗中赞美了“在寂静无声中成熟的果实”，以及“肉眼看不到的花朵的萌生、绽放和凋谢”。[32]

## 唤醒创新睡美人
Sleeping Beauties

1. 许多创新都不是从零开始的。新的创新是以旧的创新为基础。

2. 创新的成功不是源于创新本身，而是源于外部世界。

3. 我们所知道的所有“睡美人”，都需要等待少则数年、多则数百万年的时间，直到这个世界准备好迎接它们。

4. 创新是不能独立存在的，它们必须诞生在一个适合它们的世界。

Sleeping
Beauties

# 致 谢

我在本书的正文中只提到了少数几个合作者和学生，但是如果没有其他许多人的帮助，我不可能完成这本书。在过去的 10 年里，我与许多年轻的研究人员在我的实验室里进行过无数次对话，在这个过程中，我开始思考本书的主题。

在这里，我要感谢我的合作者马尔·阿尔巴（Mar Albà）、曼内·比隆德（Manne Bylund）、杰茜卡·坎特隆（Jessica Cantlon）、彼得·加尔登福斯（Peter Gärdenfors）、吉恩·亨特、埃里克·利比、马塞洛·桑切斯－比利亚格拉（Marcelo Sánchez-Villagra）和卡雷尔·范斯海克（Carel van Schaik），他们对本书个别章节提出了宝贵的反馈意见。他们的部分建议我没有采纳，这本书可能会因此变得很糟糕。

我在南非斯泰伦博斯大学附属的高等研究院度过了一个研究学期，在此期间完成了本书的初稿。该高等研究院为我提供了极大的支持，我工作时所处的环境大大激发了我的智力。如果没有该高等研究院及其专业的研究人员的帮助，我不可能在这么短的时间内写出这本书。我还要感谢多年来在圣塔菲研究所结识的众多同行和其他来访学者。虽然我在圣塔菲研究所度过的时间比我希望的要少，但是该研究所仍然是本书的灵感源泉，书中的观点和例子也来源于此。我也要感谢苏黎世大学和我在那里的同事，他们共同创造了支持性的制度环境，保证了像本书这样的研究项目的顺利完成。

我的经纪人莉萨·亚当斯（Lisa Adams）帮我解决了出版过程中的种种问题，并沉着地处理了所有与合同有关的问题。此外，我还要感谢寰宇一家出版公司的编辑萨姆·卡特（Sam Carter），他阅读了我的书稿并发表了一针见血的评论，提出了许多有价值的建议。作为编辑，卡特的专业精神令我敬佩。我也要感谢寰宇一家出版公司编辑团队的其他成员，包括汤姆·费尔特姆（Tom Feltham）、霍利·诺克斯（Holly Knox）、保罗·纳什（Paul Nash）和里达·瓦奎斯（Rida Vaquas），他们在工作中专业、高效且一丝不苟，让本书得以顺利出版。最后，我要感谢家人对我的包容，我在完成这个复杂的项目时经常心不在焉、脾气急躁且不耐烦。

Sleeping
Beauties

# 注 释

考虑到环保的因素，也为了节省纸张、降低图书定价，本书编辑制作了电子版的注释。请扫描下方二维码，直达图书详情页，点击“阅读资料包”获取。

Sleeping Beauties

# 译者后记

《唤醒创新睡美人》的作者安德烈亚斯·瓦格纳既是著名科学家，也是出色的科普作家，因此这本书内容前沿、文笔轻快，十分引人入胜。

仅仅从标题上看，这本书的核心概念似乎是“休眠创新”，即创新是“睡美人”，在成功之前往往会沉寂很长时间，几乎不为人知，但是在适当的条件下，它们会在极短的时间内大获成功。“休眠”一词强调的似乎是一项创新能否获得成功，不仅仅取决于它的内在特征，也不仅仅取决于它的某种内在品质，还取决于它诞生的世界。

当然，这可能只是第一层含义。在本书中，瓦格纳试图通过大量具体生动的事例说明创新往往在需要之前就多次出现，尽管它们常常被“遗忘”。更重要的是，在描述这类创新实例的过程中，瓦格纳细致地阐述了创新的各种形式和途径，其中特别精彩的是基因在错误的复制过程中的创新、酶在开发新功能时对原有创新的“吸收并组合”、原有的创新在面对新的挑战时突然迸发出的新能力等。

从某种意义上说，这本书讨论的其实是“创新的进化论”。

因此，这本书不仅适合喜欢科普作品的读者，可能还会给经济、管理和其他领域的创新者带来启发。

在这里，我要感谢太太傅瑞蓉，感谢她为家庭的付出和对我的支持。我还要感谢小儿贾岚晴，他每天都在成长，不断给我带来学习的动力，而且他还帮我解决了翻译过程中遇到的几个问题。感谢湛庐对我的信任，感谢编辑们的付出。我还要特别感谢我现在就职的农夫山泉股份有限公司和钟睒睒先生。农夫山泉公司一贯注重品质、强调利他，正与我的追求相契合。感谢钟睒睒先生为我创造了非常难得的读书、译书、写作的空间。

贾拥民

写于杭州耑谷阁

# 未来，属于终身学习者

我们正在亲历前所未有的变革——互联网改变了信息传递的方式，指数级技术快速发展并颠覆商业世界，人工智能正在侵占越来越多的人类领地。

面对这些变化，我们需要问自己：未来需要什么样的人才？

答案是，成为终身学习者。终身学习意味着永不停歇地追求全面的知识结构、强大的逻辑思考能力和敏锐的感知力。这是一种能够在不断变化中随时重建、更新认知体系的能力。阅读，无疑是帮助我们提高这种能力的最佳途径。

在充满不确定性的时代，答案并不总是简单地出现在书本之中。“读万卷书”不仅要亲自阅读、广泛阅读，也需要我们深入探索好书的内部世界，让知识不再局限于书本之中。

## 湛庐阅读 App：与最聪明的人共同进化

我们现在推出全新的湛庐阅读 App，它将成为您在书本之外，践行终身学习的场所。

- 不用考虑“读什么”。这里汇集了湛庐所有纸质书、电子书、有声书和各种阅读服务。
- 可以学习“怎么读”。我们提供包括课程、精读班和讲书在内的全方位阅读解决方案。
- 谁来领读？您能最先了解到作者、译者、专家等大咖的前沿洞见，他们是高质量思想的源泉。
- 与谁共读？您将加入优秀的读者和终身学习者的行列，他们对阅读和学习具有持久的热情和源源不断的动力。

在湛庐阅读App首页，编辑为您精选了经典书目和优质音视频内容，每天早、中、晚更新，满足您不间断的阅读需求。

【特别专题】【主题书单】【人物特写】等原创专栏，提供专业、深度的解读和选书参考，回应社会议题，是您了解湛庐近千位重要作者思想的独家渠道。

在每本图书的详情页，您将通过深度导读栏目【专家视点】【深度访谈】和【书评】读懂、读透一本好书。

通过这个不设限的学习平台，您在任何时间、任何地点都能获得有价值的思想，并通过阅读实现终身学习。我们邀您共建一个与最聪明的人共同进化的社区，使其成为先进思想交汇的聚集地，这正是我们的使命和价值所在。

浙江省版权局图字：11-2024-416



**图书在版编目（CIP）数据**

唤醒创新睡美人 / (奥) 安德烈亚斯 · 瓦格纳著；贾拥民译 . -- 杭州 : 浙江科学技术出版社 , 2025. 3.
ISBN 978-7-5739-1357-9
Ⅰ. G305
中国国家版本馆 CIP 数据核字第 2025CV8896 号

| | |
|---|---|
| **书　　名** | **唤醒创新睡美人** |
| **著　　者** | [奥] 安德烈亚斯 · 瓦格纳 |
| **译　　者** | 贾拥民 |

| | |
|---|---|
| **出版发行** | **浙江科学技术出版社**<br>地址：杭州市环城北路 177 号　邮政编码：310006<br>办公室电话：0571－85176593<br>销售部电话：0571－85062597<br>E-mail:zkpress@zkpress.com |
| **印　　刷** | 唐山富达印务有限公司 |

| | | | |
|---|---|---|---|
| **开　　本** | 710mm×965mm　1/16 | **印　　张** | 18.75 |
| **字　　数** | 315 千字 | **插　　页** | 1 |
| **版　　次** | 2025 年 3 月第 1 版 | **印　　次** | 2025 年 3 月第 1 次印刷 |
| **书　　号** | ISBN 978-7-5739-1357-9 | **定　　价** | 119.90 元 |

| | | | |
|---|---|---|---|
| **责任编辑** | 陈　岚 | **责任美编** | 金　晖 |
| **责任校对** | 张　宁 | **责任印务** | 吕　琰 |